Karl Friedrich Mohr

Allgemeine Theorie der Bewegung und Kraft als Grundlage der Physik und Chemie

bremen
university
press

Karl Friedrich Mohr

Allgemeine Theorie der Bewegung und Kraft als Grundlage der Physik und Chemie

ISBN/EAN: 9783955622398

Auflage: 1

Erscheinungsjahr: 2013

Erscheinungsort: Bremen, Deutschland

bremen
university
press

ALLGEMEINE THEORIE

DER

BEWEGUNG UND KRAFT,

ALS

GRUNDLAGE DER PHYSIK UND CHEMIE.

EIN NACHTRAG

ZUR

MECHANISCHEN THEORIE DER CHEMISCHEN AFFINITÄT

VON

FRIEDRICH MOHR,

Dr. der Philosophie und Medicin, a. ö. Professor der Pharmacie an der Universität Bonn, Medicinalrath und Assessor Pharmaciae beim Rheinischen Medicinal-Collegium zu Coblenz, der Bayerischen Akademie der Wissenschaften correspondirendes Mitglied, der pharmaceutischen Gesellschaften zu Erlangen, Wien, Antwerpen, London, Brüssel, St. Petersburg, Philadelphia, der Pollichia, der naturforschenden Gesellschaften und Gewerbevereine zu Embden, Mainz, Aachen, Frankfurt a. M., Lahr, Darmstadt, Hamburg etc. correspondirendes und Ehrenmitglied, Ritter des rothen Adlerordens vierter Classe.

BRAUNSCHWEIG,

DRUCK UND VERLAG VON FRIEDRICH VIEWEG UND SOHN.

1869.

VORWORT.

Die folgenden Darstellungen sind das Resultat ferne-
rer Forschungen im Gebiete der physikalischen Chemie.
Nachdem die chemischen Vorgänge als Aeusserungen einer
den Elementen anhaftenden Bewegung in das Gebiet der
Mechanik mit Erfolg herübergezogen waren, ergab sich
der noch allgemeinere Standpunkt, dass die chemischen
Erscheinungen überhaupt nur einen Theil der Physik
ausmachen, wenn man diese als die Lehre von den Kräften und Bewegungen betrachtet. Das was wir chemisches
Element nennen, erscheint uns in einem immer räthsel-
hafteren Lichte, wenn wir betrachten, dass diese Elemente
immer mit Molecularbewegungen versehen sind, die wir,
neben Wärme und Schwere, als chemische Affinität, Verbrennungswärme, Raumerfüllung, specifisches Gewicht,
Härte, Farbe etc. kennen. Kraft und Stoff, so unähnlich
in ihrem innersten Wesen, lassen sich niemals vollkommen trennen, weil wir keinen Stoff ohne Kräfte oder Bewegungen kennen, und weil wir die Kräfte und Bewe-

gungen nur an dem Stoffe wahrnehmen können. So wie die richtige Erkennung des Sonnensystems dadurch erschwert wurde, dass wir dasselbe aus einem excentrischen sich selbst bewegenden Punkte beobachten mussten, eben so hindert uns die Wahrnehmung der Dinge durch das Hülfsmittel unserer Sinne an dem objectiven Erkennen der Natur. Was wir Licht, Wärme, Elektricität, was wir Roth, Blau, Süss, Bitter, Schall, Harmonie etc. nennen, ist kein Object dieser Art, sondern nur die Wirkung eines Objectes auf unsere Sinne. Wir müssen deshalb vorsichtig sein, dass wir nicht Schein für Wahrheit nehmen.

Bei dem ungeheuren Material, welches sich durch den Fleiss so vieler Arbeiter in Physik und Chemie aufhäuft, muss es erwünscht erscheinen, allgemeinere Gesichtspunkte zu gewinnen, welche gestatten, eine Menge Thatsachen unter einem Begriffe zu vereinigen. Immer gelangen wir hier wieder zu einem Punkte, wo das Verständniss zu Ende geht.

Die Annahme der Schwerkraft erklärte die Bewegungen der Planeten, des Pendels, des freien Falles; darauf folgte die fernere Frage: was ist die Schwerkraft, wie wirkt sie, durch welchen Vorgang können zwei viele Millionen Meilen weit von einander entfernte Körper auf einander wirken? Ist auch diese Frage nicht gelöst, so dürfen wir an ihrer Lösung nicht verzweifeln, und es ist schon ein höherer Standpunkt, dass wir diese Frage stellen, als dass wir auf dem Polster einer Hypothese allen Ansprüchen genügt zu haben glauben.

Wir bemerken, dass Sauerstoff und Wasserstoff bei ihrer Verbindung Wärme entwickeln, und erklären dies durch ihre Affinität und die verschiedene Natur ihrer Elemente. Ist das aber überhaupt eine Erklärung? Was ist Affinität, die wir ja nur aus dem Factum ableiten, dass sich die Körper verbinden? Sind denn die Elemente des Sauerstoffgases und Wasserstoffgases von einander unterschieden? Ausser im specifischen Gewichte in gar nichts. Welcher Unterschied besteht zwischen Stickstoff, Sauerstoff und Wasserstoff, wenn wir von ihren Verbindungen absehen? Durchaus keiner als im specifischen Gewichte bei gleichen Bedingungen. Alle drei sind farblos, geruchlos, geschmacklos, nicht verdichtbar, sie dehnen sich durch Wärme ganz gleich aus, üben bei zunehmendem Drucke einen ganz gleichen Widerstand aus. Worin besteht denn ihre chemische Differenz?

Warum heben Säuren und Oxyde ihre beiderseitigen Eigenschaften auf? Wir nennen es Sättigung, Affinität, aber worin besteht diese? Wir bemerken nichts bei diesem Vorgange, als dass Wärme, eine Form der Bewegung, austritt, und dass ein neuer Körper, das Salz, entsteht.

Der tägliche Umgang mit diesen Dingen macht uns stumpf gegen die Unzulänglichkeit unserer Ansichten und Erklärungen.

Wenn der elektrische Strom sich in Wärme verwandelt, so ist er selbst eine Bewegung. Was ist nun negative Elektricität, da es doch keine negative Bewegung geben kann? Versuche und Beobachtungen liegen in Masse vor, aber sie führen nicht sicher zur Lösung der Frage. Ein glücklicher Griff des Denkens führt vielleicht dem Ziele näher. Die Aufstellung des Gravitationsgesetzes, Newton's grösste That, war ein blosser Gedanke, und er brauchte keinen einzigen Versuch darüber anzustellen, und konnte auch keinen anstellen. Seine Theorie stand ihm fest, trotz den falschen Gradmessungen jener Zeit, trotz der unrichtig angenommenen Entfernung des Mondes.

In unserer Zeit ist das Gesetz der Erhaltung der Kraft von noch grösserer Bedeutung geworden, und schliesst jetzt die Gravitation, die Mechanik, die Physik und die Chemie in sich ein. Es reicht nicht hin, dass man das Gesetz kennt und anerkennt, man muss es auch anwenden, und in diesem Sinne mögen die folgenden Blätter aufgenommen werden.

Bonn, im April 1869.

INHALTSVERZEICHNISS.

EINLEITUNG.

Bewegung ist Veränderung des Orts im Raum. Der Raum ist ein empirischer Begriff und so auch die Bewegung.

Die Gesetze der Bewegung wurden zuerst an den Massenbewegungen gesucht, weil diese allein in die Sinne fallen.

Die Massenbewegung ist die Ortsveränderung von zusammenhängenden Körpermassen. Die Bewegung ist nicht nothwendig mit dem Begriff eines Körpers verbunden, sie kann ihm anhaften oder fehlen, sie kann auf einen anderen Körper übertragen werden.

Die Massenbewegung ist an sich geradlinig. In dem bewegten Körper selbst kann kein Grund liegen die gerade Linie zu verlassen.

Zwei oder mehr Bewegungen, die auf denselben Körper wirken, können immer nur wieder eine geradlinige Bewegung, wie im Parallelogramm der Kräfte, hervorbringen. Eine Bewegung kann krummlinig werden, wenn eine Kraft seitlich und stetig auf den bewegten Körper wirkt.

Die Beobachtung, dass die Bewegung im Weltall von ewiger Dauer ist, hat zu dem Begriff der Unzerstörbarkeit der Bewegung geführt. Sie ist ebenfalls ein empirischer Begriff.

Unterschied von Bewegung und Kraft.

Kraft ist die Ursache einer Bewegung, und Bewegung ist die Arbeit der Kraft.

Bewegung ist die Ursache einer Kraft, und Kraft ist die Arbeit einer Bewegung.

Kraft und Bewegung können in einander übergeführt werden, und die Wirkung ist immer äquivalent der Ursache.

Kraft und Bewegung können weder in der Zeit verschwinden, noch sind sie in der Zeit entstanden; so wie das Wesen der Bewegung in Ortsveränderung liegt, ebenso liegt das Wesen der Kraft in Ruhe. Die Kraft äussert sich also in Druck oder Zug. Wird diesem Drucke oder Zug nachgegeben, so entsteht Bewegung und die Kraft wird verbraucht. Ein Ding kann zu einer Zeit nur an einem Orte sein. Um von einem Orte zu einem anderen zu kommen, bedarf es Zeit. Die Zeit wird deshalb am Raume gemessen, und zwar durch eine gleichförmige Bewegung.

Raum und Zeit sind Anschauungen unseres Geistes, die wir aus unseren Erfahrungen entnehmen.

Um die Begriffe von Bewegung und Kraft vollkommen festzustellen, fangen wir mit der am allgemeinsten vorhandenen und am besten bekannten Kraft, der Schwerkraft, an, und ebenso mit der gemeinsten Bewegung, der Massenbewegung, wie sie in dem fallenden Körper, in der Kanonenkugel, in dem Eisenbahnzug vorhanden ist.

Die Schwerkraft ist die allen Körpern gemeine Eigenschaft, sich wechselseitig anzuziehen. Die Erfahrung lehrt bloss, dass sich die Körper einander nähern, und der Begriff, dass sie sich anziehen, ist schon eine Hypothese, eine Art Erklärung, die aus der Sprache das damit am nächsten übereinstimmende Wort genommen hat. Was wir im Leben Zug nennen, ist eigentlich etwas anderes. Zug wird durch einen cohärenten Körper (Strick, Kette etc.) vermittelt, und hier ist der bewegende Körper voran; bei Druck dagegen der bewegte Körper voran in der Richtung der Bewegung. Mit einer massiven Stange kann man Zug und Druck ausüben, und der Unterschied besteht bloss darin, ob der bewegende Körper zu vorderst oder zu hinterst ist. In jedem Fall machen wir uns denselben Begriff, wenn wir sagen, dass die Erde einen jeden Körper anzieht.

Die Schwerkraft allein übt keine Arbeit aus, wenn kein Raum gegeben ist, sondern die Wirkung derselben ist Druck, wenn der den Raum abschneidende Körper vorn ist, oder Zug, wenn er dahinter ist. Ein Gewicht übt auf einen Tisch einen Druck aus, an einem Faden hangend einen Zug auf den entfernter von der Erde befindlichen Aufhängepunkt.

Ein Gewicht kann Jahrtausende auf eine Stelle einen Druck ausüben, ohne dass ein Verbrauch von Kraft stattfindet.

Wir betrachten nun die zwei entgegengesetzten Fälle, dass ein Gewicht auf eine gewisse Höhe gehoben wird, und dass es von dieser Höhe wieder auf seine frühere Stelle zurückfällt. Die Wirkung einer ruhenden Last besteht aus zwei Grössen: 1) aus der Summe der wiegenden Theile und 2) aus der Anziehung, welche die Erde auf jedes Theilchen ausübt. Nennen wir die Summe der wiegenden Theile m (Masse) und die Anziehung der Erde g, so ist seine ganze Wirkung in der Ruhe mg, und diese nennen wir Gewicht. Während der Hebung lastete der Körper mit seinem ganzen Gewicht auf der hebenden Ursache, und wenn diese hebende Ursache nicht grösser gewesen wäre als das Gewicht, so würde es, wie auf der Wage, in Ruhe geblieben sein. Die hebende Ursache muss also grösser sein als das Gewicht, alsdann wird es gehoben. Da nun das Gewicht an jeder Stelle denselben Druck ausübt, so wird die hebende Ursache zugleich durch den Druck der Last und durch den Raum gemessen, welchen es beim Heben durchläuft. Nennen wir diesen Raum s (*spatium*), so ist die hebende Ursache durch das Gewicht und den Hebungsraum gemessen. Da für jeden gleichen Raum der Hebung auch eine gleiche hebende Ursache nöthig ist, so ist die hebende Ursache durch das Product dieser drei Grössen gemessen.

Wir haben also Gewicht $= mg$, Bewegung zum Heben des Gewichtes auf die Höhe $s = mgs$, und da die Anziehungskraft der Erde constant ist, so wird sie als 1 angenommen, und man bezeichnet kurz das Gewicht mit m, und seine Bewegungsgrösse als ms.

Die erste Grösse mg wird ausgedrückt durch Kilogramme oder Pfunde; die zweite Grösse mgs wird ausgedrückt durch Kilogrammometer oder Fusspfunde. Man sieht schon aus diesen Formeln, dass das Gewicht den Raum ausschliesst, dass aber die bewegende Ursache den Raum mit der Grösse s einschliesst, da ohne Raum keine Bewegung denkbar ist.

Es wird gleichviel Bewegung verbraucht, man mag das Gewicht mit einer gleichmässigen ruhigen Bewegung heben, oder man mag dasselbe durch einen Wurf, Stoss, Schuss in die Höhe schnellen. Der Unterschied besteht bloss darin, dass im ersten Falle die Bewegung während der ganzen Hebung mitgetheilt wird, im letzten Falle aber gleich zu Anfang der Bewegung. Für den letzten Fall hat man auch die Grösse der Bewegung mit dem Wort lebendige Kraft bezeichnet, weil die langsam gehobene Last wie todt er-

scheint im Vergleich zu der mit innerer Bewegung begabten und
in sofern mit lebenden Wesen vergleichbaren von selbst fliegenden
Last. Die Grösse der Bewegung ist aber in beiden Fällen absolut gleich. Sobald das Gewicht gehoben ist und hier unterstützt
wird, stellt es eine Kraft vor, die ausgedrückt wird durch sein
Gewicht, und eine Bewegung, die ausgedrückt wird durch das
Product seines Gewichtes mit dem disponibeln Fallraum.

Sowie beim Heben des Gewichtes Bewegung (nicht Kraft) verbraucht wird, ebenso muss beim Fallen Kraft verbraucht werden, indem sie sich in Bewegung umsetzt. Während des Falles wirkt
die Schwerkraft ununterbrochen auf den fallenden Körper, allein
derselbe hat kein Gewicht, weil Gewicht nur in der Ruhe sich als
Druck äussern kann. Wenn ein Körper sich eben so schnell bewegt, als man mit einem Druck oder Zug auf ihn einwirkt, so
leistet er dem Druck oder Zug keinen Widerstand, d. h. er hat
gegen diesen kein Gewicht. Man kann sich nach dieser Darstellung den bekannten Satz verdeutlichen, dass alle Körper gleich
schnell fallen, denn die Schwerkraft ist für alle gleich, und das
Gewicht, welches allein ihren Unterschied bedingt, existirt für die
Zeit des Falles nicht, weil der fallende Körper dem Zug der
Schwere eben so schnell ausweicht, als diese treibt.

Es liegt uns hier eins der schwersten Capitel der Philosophie
der Natur vor, und es ist schwierig, den richtigen Ausdruck zu
finden.

Man kann sich diesen Vorgang durch eine gespannte Feder
oder einen gespannten Bogen verdeutlichen. Die schlaffe mit
einem Ende befestigte Feder kann nur durch eine Bewegung aus
ihrer Gleichgewichtslage gebracht werden. Alsdann ist in der
Feder eine gewisse Summe von Bewegung als Kraft angehäuft, die
wir Spannung nennen. Die Feder kann Jahrtausende gespannt
bleiben, ohne an Kraft zu verlieren, und sie verhält sich dann wie
ein unterstütztes Gewicht. Sobald das Hinderniss nachgiebt, fängt
die Feder an sich zu bewegen, und in demselben Verhältnisse
nimmt der Druck ab, den sie auf das Hinderniss ausübt. Die
volle Spannung ist analog dem vollen Gewicht einer unter-
stützten Last, und diese Spannung wird durch den Druck auf das
Hinderniss gemessen. Bewegt sich das Hinderniss, so nimmt auch
die Spannung ab, und es ist bekannt, dass aus diesem Grunde die
Schnecke in der Spinduhr angebracht ist. Weicht das Hinderniss so rasch aus, als die Feder sich abzuwickeln Kraft hat, so übt

sie keinen Druck auf dasselbe aus. Dies findet beim freien Fall
der Körper im luftleeren Raume statt, und deswegen müssen wir
annehmen, dass durch den Fall die Schwere verbraucht wird, gerade wie beim Abwickeln der Feder die Spannung verbraucht wird.
Ein gespannter Bogen, eine comprimirte Luftmenge bieten dieselbe
Erscheinung dar. Sobald die Saite sich der geraden Linie nähert,
oder die Luft sich ausdehnt, nimmt die Spannung ab, d. h. sie wird
in Bewegung und zuletzt in Wärme umgesetzt.

Die Erklärung desselben Vorganges, wie sie sich bei Tyndall[1])
vorfindet, möchte ich für weniger correct halten. Er sagt: „Dadurch,
dass ich das Gewicht 16 Fuss hoch hob, habe ich ihm eine Bewegung erregende Kraft verliehen. Das Gewicht kann jetzt eine
Wirkung ausüben, welche ihm unmöglich war, als es auf dem
Boden lag; es kann fallen und während seines Herabfallens eine
Maschine in Bewegung setzen, oder Arbeit leisten. Wir wollen
die Fähigkeit, Arbeit zu leisten, im Allgemeinen mit dem kurzen
und geeigneten Ausdruck Kraftvorrath (Energie) bezeichnen
und könnten auch recht gut den Ausdruck mögliche Arbeit ge-
brauchen, um damit die Triebkraft zu bezeichnen, die unser auf-
gezogenes Gewicht leisten könnte, die es aber noch nicht durch
den wirklichen Fall geleistet hat. Dieselbe ist von einem ausge-
zeichneten Forscher potentielle Energie genannt worden.
Diese potentielle Energie oder Arbeitsfähigkeit rührt in dem
vorliegenden Fall von dem Zug der Schwere her, welcher Zug
jedoch noch nicht in Bewegung übergegangen ist. Nun lasse ich
den Strick los, das Gewicht fällt und erreicht den Boden mit einer
Geschwindigkeit von 32 Fuss in der Secunde. Während seines
Falles wurde es in jedem Augenblick durch die Schwere abwärts
gezogen, und seine endliche Bewegungskraft ist die Summe
aller einzelnen Wirkungen. Während des Fallens wird der Arbeitsvorrath des Gewichtes wirksam. Er könnte nun wirkliche
Arbeit genannt werden im Gegensatz zur möglichen Arbeit. Er
ist auch dynamische Energie im Gegensatz zur potentiellen
Energie genannt worden; oder wir können auch die Arbeitskraft,
mit der das Gewicht herabsinkt, Kraft der Bewegung nennen.
Die Hauptsache ist nun, dass sie einen Arbeitsvorrath von
wirklicher Arbeitsleistung unterscheiden."

---

[1]) Tyndall, die Wärme betrachtet als eine Art der Bewegung. Deutsch
von Helmholtz und Wiedemann. 1867.

Das Bestreben, die möglichste Deutlichkeit zu erreichen, ist in diesem Vortrage nicht zu verkennen, aber durch die gehäuften Bezeichnungen, die gesperrt gedruckten Ausdrücke, ist die Deutlichkeit nicht erreicht worden.

Potentiell ist kein Gegensatz gegen dynamisch, denn δύναμις ist potentia, und δύναμαι ist possum oder potens sum. Durch den consequenten Gebrauch der Bezeichnungen Kraft und Bewegung können diese vielfachen Bezeichnungen entbehrt werden. Zudem ist die eigentliche Bedeutung des Fallraumes nicht in das rechte Licht gestellt. Es heisst: „dadurch, dass ich das Gewicht hob, habe ich ihm eine Bewegung erzeugende Kraft verliehen." Man könnte das so nehmen, dass die ganze Bewegung erzeugende Kraft in dem Gewicht selbst vorhanden wäre. Wenn man unter dem 16 Fuss gehobenen Gewicht die Erde noch 8 Fuss tief ausgräbt, so kann das Gewicht noch halbmal so viel Arbeit leisten, ohne dass man es berührt hat. Es kann also die ganze Arbeit des fallenden Körpers nicht in dem noch ruhenden Gewicht liegen, sondern sie hängt von der Grösse des gegebenen Raumes mit ab. Ob man das Gewicht 16 Fuss hebt oder unter ihm den Boden 16 Fuss tief ausgräbt, ist in Bezug auf die mögliche Arbeitsleistung ganz gleichgültig und in diesem letzten Falle hat man das Gewicht nicht berührt, ihm also auch keine Bewegung erzeugende Kraft verliehen, während man bei dem Heben dem Gewichte scheinbar die Bewegung der eigenen Hand übertragen hat. Der Ausdruck „während des Falles wird der Arbeitsvorrath des Gewichtes wirksam" kann ebenfalls so genommen werden, als wenn die ganze Arbeit schon in dem Gewichte vorhanden wäre, während sie es doch nur durch Benutzung des Raumes werden kann.

Bei der Hebung des Gewichtes wird die Bewegung nicht vernichtet, sondern nur in eine ruhende Form, in Kraft und in Ortsveränderung umgesetzt. Das gehobene Gewicht ist so schwer wie das unten befindliche, und die mögliche Arbeit liegt zum Theil ausser ihm, in der Grösse des Fallraumes, zum Theil in ihm, als Gewicht. Erst das Product beider gibt die Grösse der Bewegung. Die Gesetze des freien Falles der Körper können als bekannt vorausgesetzt werden.

Der erste Satz besagt: Die erlangten Geschwindigkeiten verhalten sich wie die Fallzeiten.

Dieser Satz kann nicht bewiesen werden, und braucht nicht bewiesen zu werden, denn er ist selbst verständlich und der Ausgangs-

punkt der ganzen Lehre. Er schliesst zwei andere Sätze in sich:
1) dass jede erlangte Bewegung ewig dauert, 2) dass die Kraft der
Schwere in jedem Augenblick gleich wirkt. Die Beschleunigung
folgt also daraus, dass zu der bereits erlangten ewig dauernden
Bewegung immer neue, in gleicher Zeit gleich viele und starke Anstösse kommen, welche sich zu der vorhandenen Bewegung addiren.
Es folgt also nothwendig, dass die Geschwindigkeiten gerade so
wachsen wie die Summe der Anstösse, die nach 2) von der Zeit
abhängen. Fallzeit und Endgeschwindigkeit stehen also in einem
geraden Verhältniss.

Die Anziehungskraft der Erde können wir nicht unmittelbar,
sondern durch ihre Wirkung messen, und diese wird durch die
Grösse des Fallraums in einer bestimmten Zeit (Secunde) oder die
Endgeschwindigkeit nach einer bestimmten Zeit (Secunde) gemessen. Behalten wir diese letzte Grösse, Endgeschwindigkeit
nach der ersten Secunde bei, und bezeichnen sie durch den An-
fangsbuchstaben von *gravitas* mit g, so ist g für unsere Erde
$g = 9,809$ Meter oder 31,25 Preuss. Fuss.

Für die erste Secunde ist die Endgeschwindigkeit doppelt so
gross als der Fallraum, für alle anderen aber nicht mehr. Für
diejenigen Lehrbücher, welche die Anziehungskraft der Erde nach
dem Fallraum der ersten Secunde bezeichnen, haben die obigen
Zahlen nur den halben Werth.

Bezeichnen wir nun ferner die anderen Grössen mit den An-
fangsbuchstaben ihrer lateinischen Namen, so bedeutet t die Fallzeit (*tempus*), c die Endgeschwindigkeit (*celeritas*); andere setzen v
von *velocitas*; und s den Fallraum (*spatium*). Diese drei Grössen
sind variabel, nur g ist constant.

Die Grundgleichungen sind also:

$$\text{I.} \quad c = gt \quad \text{daraus 4) } t = \frac{c}{g}$$

$$\text{II.} \quad s = \frac{gt^2}{2} \quad \text{daraus 5) } t = \sqrt{\frac{2s}{g}}$$

$$\text{III.} \quad c = \sqrt{2gs} \text{ daraus 6) } s = \frac{c^2}{2g}$$

In diesen sechs Gleichungen ist jede variable Grösse in den
beiden andern ausgedrückt, was im Ganzen sechs Gleichungen
geben kann.

Wir haben *c* in *t* in I., in *s* iu III. ausgedrückt,

  s in *t* in II., in *c* in 6) ausgedrückt,

und *t* in *c* in 4), in *s* in 5) ausgedrückt.

Aus I. und 4) erhellt dass Zeit und Geschwindigkeit in einem geraden Verhältnisse stehen, aus II. und 6), dass die Fallräume sich verhalten wie die Quadrate von Zeit oder Geschwindigkeit, und aus III. und 5), dass Zeit und Geschwindigkeit sich wie die Quadratwurzel der Fallräume verhalten, was nur eine Umkehrung der beiden mittleren Beziehungen (II. und 6) ist.

Ein vertical in die Höhe geworfener Körper kommt zur Ruhe, wenn die in ihm enthaltene Bewegung verbraucht ist, er kehrt um, und hat an der Stelle, von wo er aufgeworfen wurde, genau wieder dieselbe Geschwindigkeit, als womit er an dieser Stelle aufgeworfen wurde. Das Maass der Bewegung für den aufgeworfenen Körper ist die Hubhöhe mal sein Gewicht; das Maass der durch den Fall verbrauchten Schwerkraft ist die Fallhöhe mal dem Gewicht. Hub- und Fallhöhe sind aber gleich, und es folgt daraus, dass man auch die Grösse der Bewegung durch die Endgeschwindigkeit ausdrücken könne, die beim Aufwerfen und Absteigen an jeder Stelle gleich sind. Da sich nun die Fallhöhen wie die Quadrate der Geschwindigkeiten verhalten, so verhalten sich auch bei jedem bewegten Körper die Summen der Bewegung, wie die Quadrate der Geschwindigkeiten. Um einem Körper die doppelte Geschwindigkeit zu geben, muss man 4 mal so viel Bewegung aufwenden, oder ein Körper von doppelter Geschwindigkeit übt eine 4 mal so grosse Arbeit aus als mit der einfachen Geschwindigkeit; einer von 3 facher Geschwindigkeit übt eine 9 mal so grosse Arbeit aus. In diesem Sinne bezeichnet man auch die Grösse mgc^2 als lebendige Kraft oder Summe der Bewegung, sie kann jedoch nicht ohne Weiteres in Kilogrammometer ausgedrückt werden.

Nehmen wir *g* in runder Zahl = 31 preuss. Fuss, so haben wir folgende zusammengehörige Zahlen:

1	2	3	4	5
Fallzeit in Secunden	Fallraum in Formel	Preuss. Fuss	Endgeschwindigkeit in Formel	Preuss. Fuss
1	$\dfrac{g}{2}$	15,5	g	31
2	$\dfrac{4g}{2}$	62	$2g$	62
3	$\dfrac{9g}{2}$	139,5	$3g$	93
4	$\dfrac{16g}{2}$	248	$4g$	124
5	$\dfrac{25g}{2}$	387,5	$5g$	155
6	$\dfrac{36g}{2}$	558	$6g$	186

Die Geschwindigkeit in Col. 5 entspricht jedesmal der Steighöhe in Col. 3. Ein Körper mit der vertical aufrechten Geschwindigkeit von 31′ steigt 15,5′ hoch; mit der Geschwindigkeit von 62′ steigt er 62′ hoch, mit der Geschwindigkeit 155′ steigt er 387,5′ hoch, mit jener von 186′ steigt er 558′ hoch. Da nun die Hub- oder Fallhöhe das eigentliche Maass ist, so bedienen wir uns der Formel 6) $s = \dfrac{c^2}{2g}$ um die Steighöhe aus der Geschwindigkeit zu berechnen. Wir wollten die Steighöhe von der Geschwindigkeit 93′ berechnen, so haben wir $s = \dfrac{93 \cdot 93}{62} = \dfrac{8649}{62} = 139,5$ wie in Col. 3; für die Endgeschwindigkeit 62 ist $s = \dfrac{62 \cdot 62}{62} = 62$; für $c = 186′$ ist $s = \dfrac{186 \cdot 186}{62} = 558′$.

Man erhält also die **Hubhöhe eines bewegten Körpers, wenn man das Quadrat seiner Geschwindigkeit durch die doppelte Endgeschwindigkeit der ersten Secunde dividirt,** und diese Hubhöhe mit seinem Gewichte multiplicirt gibt die **Grösse der Bewegung.** Man kann damit jede Bewegungsgrösse an einem gemeinschaftlichen Maassstab messen, und es ist besonders der Fall hervorzuheben, wo gar kein Fallen stattfindet.

Wenn ein Eisenbahnzug von 100000 Pfd. Gewicht auf horizontaler Bahn mit einer Geschwindigkeit von 36′ in der Secunde fortrollt, so entspricht .diese Geschwindigkeit einer Hubhöhe von $\frac{36 \cdot 36}{62} = \overset{\cdot}{2}0,9′$, und die ganze Grösse der Bewegung ist 100000 Pfd. . 20,9′ = 2090000 Fusspfund.

Ein Rammklotz von 1000 Pfd. Gewicht und 5 Fuss Hub enthält beim Aufschlagen eine Bewegungsgrösse von 5×1000 .= 5000 Fusspfund, und hier ist die Berechnung der Geschwindigkeit überflüssig, sie beträgt aber $\sqrt{62 \times 5} = 17,6′$ nach Formel III. S. 7.

Der Ausdruck mc^2 oder Masse multiplicirt mit dem Quadrat der Geschwindigkeit gibt nur ein vergleichbares Maass, aber keine absolute Grösse. So würde im letzten Falle die Geschwindigkeit $(17,6′)^2 = 310′$ sein und diese mit 1000 multiplicirt die Bewegungsgrösse 310000 Fusspfund geben, welche aber mit 62 dividirt die wirkliche Grösse der Bewegung 5000 Fusspfund gibt.

Ich lege einen so hohen Werth auf die Entwicklungen von Mayer, dass ich eine betreffende Stelle hier anziehen muss. Er sagt Seite 18: „Durch herkömmliche Voraussetzungen über das Wesen einer bewegenden Kraft und einer Bewegung sind die Physiker verhindert, diese offenbar und in Erfahrung festbegründete Thatsache (dass nämlich ein Gewicht durch ebensoviel Wärme gehoben werden kann, als es beim Fallen von derselben Höhe Wärme frei macht) einzusehen. Newton Princ. I. Def. VIII. erklärt ausdrücklich die Schwere für eine causa mathematica und warnt, sie für eine causa physica zu nehmen. Diese wichtige Unterscheidung wurde von den Nachfolgern Newton's vernachlässigt; die Schwere oder die Ursache der Beschleunigung wurde für die Ursache der Bewegung genommen und damit eine Entstehung von Bewegung ohne Aufwand von Kraft statuirt, sofern beim Fallen eines Gewichtes von der Schwere nichts aufgewendet wird. Die causa mathematica Newton's, in specie die Schwerkraft, wird auf die Zeit bezogen, sie ist die Ursache oder das Maass der Beschleunigung. Heisst die Kraft v (vis), die Zeit t, die Geschwindigkeit c, so ist $v = \frac{dc}{dt}$. Die Fallkraft dagegen bezieht sich auf den Fallraum; sie ist die causa physica, die Ursache oder das Maass der Bewegung. Heisst die Kraft v, die Masse m, die Geschwindigkeit c, so ist $v = mc^2$.“

Ich habe mich vergeblich bemüht, diesen Unterschied von causa mathematica und physica einzusehen. Alles, was eine phy-

sische Wirkung hervorbringt, ist auch physische Ursache. Die
Beschleunigung ist eine Zunahme an Bewegung und muss
nothwendig einen physischen Grund haben. Die Trennung, dass
die eine auf die Zeit, die andere auf den Fallraum bezogen werden
soll, ist ebenfalls nicht einleuchtend, denn da ein Körper zu einer
Zeit nur an einem bestimmten Ort sein kann, so muss Ortsveränderung auch mit Zeitveränderung verbunden sein, und es lässt sich
nicht denken, wie ein Fallraum ohne Zeitverbrauch durchlaufen
werden kann. Eine causa mathematica kann nicht verbraucht
werden, und sie kann keine wirkliche Arbeit leisten, dazu gehört
immer eine causa physica. Nach meiner Ansicht entsteht die Bewegung nicht ohne Aufwand von Kraft, sondern gerade nur durch
den Aufwand derselben, vgl. S. 4; aber diese Kraft, welche die
Bewegung verursacht, bedingt auch die Beschleunigung, denn diese
ist nichts anders als gleichmässig mit der Zeit zunehmende Bewegung. In dem Worte Bewegungsgrösse ist auch der Begriff des
Gewichtes enthalten, und diese Bewegungsgrösse auf absolutes
Maass bezogen ist $\dfrac{mc^2}{2g} = ms$.

In den Lehrbüchern der Physik erscheint noch zuweilen der
Begriff der Bewegungsgrösse MC als das Product der Masse mit
der Geschwindigkeit. So sagt Müller in seiner Physik 6. Aufl.
I, 275: „Die Bewegungsgrössen der beiden Körper sind MC und
$M_1 C_1$", nachdem vorher gesagt wurde, die Massen seien M und M_1
und die Geschwindigkeiten C und C^1. Weisbach sagt in seiner
Maschinenmechanik 4. Aufl. I, S. 636: „Man bezeichnet wohl das
Product aus Masse und Geschwindigkeit eines Körpers durch
den Namen Bewegungsmoment." Das ist derselbe Ausdruck wie
Bewegungsgrösse, und es würde daraus folgen, dass sich bei
gleichen Massen und ungleichen Geschwindigkeiten die Bewegungsgrösse oder die Leistung der beiden Massen verhielten wie die
Geschwindigkeiten.

Das ist aber offenbar falsch, denn die Leistungen verhalten
sich wie die Quadrate der Geschwindigkeiten. Der Begriff v (vis)
$= MC$ ist, wie schon J. R. Mayer in seinem berühmten Werke
von 1845 (S. 18) nachgewiesen hat, von Cartesius aufgestellt
und auch schon von Leibnitz widerlegt worden. Es wäre
nun doch sehr zu wünschen, wenn solche bereits vor mehr als
100 Jahren ausgemerzte Begriffe aufhörten in unseren heutigen
Compendien fortgeführt zu werden.

In Betreff der Bezeichnung Kraft und Bewegung weiche ich von J. R. Mayer etwas ab, obgleich ich in der Sache vollkommen mit ihm einverstanden bin. Derselbe sagt in seiner Schrift von 1845, S. 8:

„Gewichtserhebung ist Bewegungsursache, ist Kraft."

Ich sage: „Gewichtserhebung ist wirkliche Bewegung und wird Kraft."

Mayer sagt: „Diese Kraft erzeugt die Fallbewegung, wir nennen sie Fallkraft."

Ich sage: „Die Schwerkraft erzeugt Fallbewegung, der Fall ist wirkliche Bewegung und nicht Kraft."

Mayer sagt S. 10: „Die Wärme ist eine Kraft, sie lässt sich in mechanischen Effect verwandeln."

Ich sage: „Wärme ist Bewegung, sie lässt sich in eine andere Bewegung (Massenbewegung) verwandeln."

Zu dieser schärferen Feststellung des Begriffs bin ich durch die Sprache selbst genöthigt worden. Wenn Kraft und Bewegung nicht dasselbe sind, so ist das Wort Bewegung viel bestimmter als das Wort Kraft. Unter Bewegung kann man nur Ortsveränderung verstehen, und folglich bleibt für Kraft derjenige Begriff übrig, der keine Ortsveränderung verlangt. Ich gestehe, dass ich diesen Unterschied erst ganz kürzlich aufgestellt habe, und dass ich in meiner mechanischen Theorie der Affinität sehr oft das Wort Kraft gesetzt habe, wo ich jetzt Bewegung setzen würde. Allein mit diesem Unterschiede ist erst Klarheit in die Sache gekommen. Wenn man die Wärme eine Kraft nennt, so rangirt sie mit Schwerkraft, mit Cohäsion, und man kann ihre Erscheinungen nicht erklären. Betrachtet man sie als Bewegung, so erklärt sich alles sehr leicht. Aus diesem Grunde war ich auch genöthigt, die chemische Affinität als eine Bewegung und nicht als eine Kraft zu betrachten, weil man daraus Wärme und Bewegung erzeugen kann.

Unter dem Worte Kraft verstehen wir im Leben sehr oft die Kraft und ihre Wirkung zusammen. Wir sprechen von Flugkraft der Kanonenkugel, wo wir besser Flugbewegung sagen würden. Dampfkraft ist richtig und bezeichnet die Spannung des Dampfes; sobald sich der Kolben bewegt, verschwindet die Spannung. Im Balancier und Schwungrad ist also Bewegung und nicht Kraft, wenn sie leer gehen, aber Bewegung und Kraft zugleich, wenn sie Hindernisse überwinden.

Rasche Verwandlung von Bewegung in Kraft und umgekehrt.

Wir sehen, dass in den elliptischen Planetenbahnen, in der Pendelbewegung, abwechselnd Kraft in Bewegung und Bewegung in Kraft umgesetzt wird, und dass die Summe beider eine gleichbleibende Grösse ist. Bei der Hebung der Last geht nichts an Bewegung verloren, und bei dem Fallen derselben wird nichts an Bewegung gewonnen. Wir finden, dass diese Umsetzungen zu den verbreitetsten Erscheinungen gehören.

In der Taschenuhr wird die Spirale der Unruhe abwechselnd aufgewickelt und abgespannt. Sobald der Zahn des Steigrades der Unruhe durch einen Druck oder Schlag eine Bewegung ertheilt hat, wickelt sich die Spirale auf. In der Spirale ist eine Form der Cohäsion vorhanden, die wir Federkraft, Elasticität nennen. Die Theilchen lassen sich durch eine äussere Bewegung (nicht Kraft) aneinander verschieben, nehmen aber nach Aufhören der Gewalt ihre erste Lage wieder an. In dieser haben sie keine Spannung, in jeder anderen aber wohl. Die Bewegung in der Uhr stammt von der menschlichen Hand ab, welche sie aufgezogen hat. Diese Bewegung ist als Kraft in der Hauptfeder niedergelegt. Wenn die Uhr geht, verwandelt sich die Kraft wieder in Bewegung, und die Hauptfeder wickelt sich ab. Die Bewegung geht unverändert durch das Räderwerk bis in das letzte Rad, welches Steigrad heisst, und wird hier in kleinen Impulsen der Unruhe mitgetheilt, die dann hin und her schwingt und dadurch die Zeit misst. In der Spirale wird bei jedem Umschwung ein kleiner Theil der Bewegung aus der Hauptfeder in Kraft verwandelt, dann steht die Spirale still und fängt die entgegengesetzte Bewegung an, wo wieder Kraft in Bewegung übergeht und so immer fort, bis alle Kraft aus der Hauptfeder durch Aufwickeln verschwunden und die Bewegung als eine kleine Menge von Wärme aus der Uhr entwichen ist.

Cohäsion, und Elasticität als eine besondere Form derselben, sind wirklich Formen der Kraft; die Cohäsion, weil sie durch Bewegung vernichtet werden kann (Zerreissen, Zerbrechen), und Elasticität, weil sie Bewegung aufnimmt, unbestimmt lange aufbewahrt und zuletzt ohne Verlust wieder gibt.

14 Verwandlung von Bewegung in Kraft und umgekehrt.

Der von der Taste aufgeworfene Hammer im Piano schlägt an die Saite und drückt sie aus der geraden Lage heraus. Die Saite wird zwischen den nicht nachgebenden Wirbeln verlängert, weil die gerade Linie die kürzeste zwischen den Wirbeln ist. Die elastische Eigenschaft der Saite gestattet ihr einen etwas längeren Raum auszufüllen und nachher wieder den kürzeren einzunehmen. Es wird also ein Theil der Bewegung des Hammers in der Saite in Spannung verwandelt, und indem die Saite zurückschwingt, wieder in Bewegung; mit dieser Bewegung tritt sie an der entgegengesetzten Seite wieder heraus, bis die Bewegung durch die neue Spannung der Saite wieder verbraucht ist und so fort, bis die ganze Bewegung des ersten Impulses an die Luft als Welle abgegeben und in der Saite selbst zum Theil in Wärme übergegangen ist. Bei einer Saite, die in der Secunde 10000 Schwingungen macht, hat dieser Umsatz von Bewegung in Kraft und umgekehrt 10000 mal in der Secunde stattgefunden.

Die ganze Fortpflanzung des Schalles durch die Luft beruht auf demselben Vorgang.

Die Verdichtung der Luft ist die Aufnahme einer Bewegung als Kraft, indem die verdichtete Luft eine grössere Spannung zeigt. Die verdichtete Luft bleibt an Ort und Stelle, gibt aber ihre Verdichtung als Bewegung an die nächste Schichte ab, die sie wieder als Spannung, Kraft, aufnimmt.

Ebenso die Wasserwelle. Der Wellenberg ist eine gehobene Last, stellt also eine Kraft vor; indem er zum Thal hinabsinkt, erregt er Bewegung und so immer fort.

Wie man leicht einsehen wird, beruht die ganze Wellentheorie auf diesem Uebergang von Bewegung in Kraft und umgekehrt. Bei der Wasserwelle, dem Pendel, ist die Schwere die Kraft, bei der Luftwelle die Zusammendrückbarkeit der Luft, bei der schwingenden Spirale oder Saite die Cohäsion. Alle hierbei vorkommenden Bewegungen sind immer noch blosse Massenbewegung, der bewegte Körper bewegt sich als Ganzes.

Gehen wir nun noch einen Schritt weiter, so finden wir in der Natur noch andere Bewegungen, die wir nicht mehr mit dem Auge verfolgen können, deren Gesetze aber ganz dieselben sind, wie bei jeder Wellenbewegung, wohin im grössten Maassstabe die elliptischen Bahnen der Planeten zu zählen sind. Zu diesen Bewegungen gehört vor allem die Wärme und das Licht. An dem Licht wurde die Wellenbewegung durch Beobachtung und Calcul festgestellt und dann auf die Wärme übertragen, weil beide sich in gleicher Weise durch Strahlung fortpflanzen. Diese Arten von Bewegungen sind viel kleiner als die bis jetzt betrachteten und finden nur innerhalb der Anziehungsphäre der kleinsten Theilchen, die man auch physische Molecüle nennt, statt. Aus diesem Grunde nennt man sie auch Molecularbewegungen. Man kann die gemeine Massenbewegung in Molecularbewegung überführen und umgekehrt, und es folgt daraus, dass die Bewegung an sich identisch ist bei Massenbewegung und Molecularbewegung, und nur die Erscheinung verschieden und dass dasselbe Gesetz für den Halley'schen Kometen nnd Neptun wie für den leuchtenden Punkt gilt.

Aufstellung der bekannten Bewegungen und Kräfte.

Ehe wir weiter gehen, wollen wir unseren Reichthum an Bewegungen und Kräften in der Natur flüchtig übersehen und nur die wesentlichsten Eigenschaften aufführen.

Bis jetzt kennen wir 5 Arten von Bewegung und 4 Arten von Kraft.

Dieselben sind

A. Bewegungen:
1. Massenbewegung.
2. Wärme.
3. Licht.
4. Strömende Elektricität.
5. Chemische Bewegung (Affinität).

B. Kräfte:
1. Schwerkraft.
2. Magnetismus.
3. Spannungselektricität.
4. Cohäsion.

Wenn man Wärme und Licht als identisch ansieht, wozu Grund vorhanden ist, so hätten wir vier Bewegungen und vier Kräfte.

Die Trennung von Bewegung und Kraft in dem oben ausgeführten Sinne ist von der grössten Wichtigkeit; ohne dieselbe kommt keine Klarheit in die Anschauung der Natur. Man kann jede der fünf Bewegungen in die andere überführen, man kann aber keine Kraft in eine andere verwandeln. Die Bewegungen sind also identisch, die Kräfte nicht.

Man hat auch die Bewegungen mit dem Worte lebendige Kräfte bezeichnet, und dann würden die vier Kräfte als todte bezeichnet werden müssen. Es ist jedoch vorzuziehen, die Begriffe Bewegung und Kraft in der vorgeschlagenen Weise zu trennen und sie nicht wieder zu vermischen, und den Ausdruck lebendige Kraft zu vermeiden.

A. Bewegungen.

1. Massenbewegung.

Man versteht darunter die parallele Fortbewegung eines Körpers, ohne dass seine Theile ihre Lage zu einander ändern. Die Massenbewegung geschieht per se in der geraden Linie. Eine krummlinige Bewegung findet nur statt, wenn eine Kraft von ausserhalb der Richtung der Bewegung beständig auf den bewegten Körper wirkt, also, wie schon angedeutet wurde, bei den Weltkörpern, die sich um einen Centralkörper bewegen; sodann wenn durch Cohäsion die gerade Linie nicht eingehalten werden kann, wie beim Stein in der Schleuder, beim Pendel, bei allen rotirenden Maschinentheilen. Geradlinige Bewegung sehen wir nur beim freien Fall der Körper ohne Wurfbewegung, oder wenn wir die Bewegung durch ein geradliniges Hinderniss beschränken, wie auf der Eisenbahn, bei der Metallhobelmaschine, bei der Führung der Dampfkolbenstange u. a.

Die Massenbewegung ist unvernichtbar, ewig. Das einzige Beispiel davon, was wir kennen, ist die Bewegung der Weltkörper. Alle irdischen Bewegungen nehmen ein Ende, indem sich die Massenbewegung in die Molecularbewegung der Wärme umsetzt. Je mehr wir diesen Umsatz in Wärme durch Beseitigung des Widerstandes aufheben, desto mehr nähern sich auch die irdischen Bewegungen dem Gesetze der ewigen Dauer. Ein gut aufgehangenes schweres Pendel ist das beste Beispiel davon. Mit einem Anstosse kann es 20 bis 24 Stunden in Bewegung bleiben. Ueber eine glatte Eisbahn kann man einen Stein wohl zehnmal so weit werfen, als auf der Erde, wo er durch Widerstand gehemmt wird. Ein 4 bis 5 Pfund schwerer Kreisel bleibt auf einer

Porcellanschale eine ganze Stunde in Bewegung mit 50 bis 60 Umdrehungen in der Secunde. Beträgt der Umfang des Kreisels 12 Zoll oder 1 Fuss, und macht er in der Secunde 60 Umdrehungen, so hat der äusserste Rand des Kreisels einen Weg von $60 \times 60 \times 60 = 216\,000$ Fuss oder 9 Meilen gemacht, wozu ihm die Bewegung mit einem einmaligen Abzug des Fadens an der Achse ertheilt wurde. Wie die Grösse der Massenbewegung auf absolutes Maass durch die Formel $\dfrac{m\,c^2}{2\,g}$ bezogen werde, ist oben auseinandergesetzt worden. Newton hat das Gesetz der Unvernichtbarkeit der Bewegung mit der grössten Bestimmtheit ausgesprochen, obgleich wir auf der Erde kein Beispiel von einer ewig dauernden Bewegung haben. Das Stillstehen zweier unelastischer Massen, die mit gleicher Geschwindigkeit und bei gleicher Masse sich central treffen, hat. man mit einer mathematischen Anschauung erläutert. Wir wissen aber jetzt, dass die verschwundene Massenbewegung in eine äquivalente Menge Wärme umgesetzt wird. Die Lehre von der Massenbewegung heisst Mechanik; sie ist ein Theil der Physik, welche die Lehre von der Bewegung überhaupt ist.

Die Quellen der Massenbewegung sind auf der Erde bewegtes Wasser, bewegte Luft und chemische Bewegung. Gehobenes und zu Thal fliessendes Wasser und bewegte Luft sind die Arbeit von verbrauchter Sonnenwärme. Die Ausdehnung der Körper durch Wärme ist das Verbindungsglied, wodurch Wärme in Massenbewegung umgesetzt wird. Ausserdem verwandelt sich in der Pflanze Kohlensäure in Kohle und freien Sauerstoff unter Verbrauch von gerade so viel Wärme, als beide bei ihrer Verbrennung wieder geben. Indem wir diese Verbrennungswärme zur Ausdehnung von Körpern benutzen, erzeugen wir künstlich Bewegung in der Dampf- und calorischen Maschine.

Von dieser Verbrennungswärme kann ein kleiner Theil in unseren Maschinen in Massenbewegung umgesetzt werden. Der natürliche Ausgang jeder Massenbewegung auf der Erde ist Wärme. Massenbewegung kann nur durch Anstoss mitgetheilt werden; es ist dies keine Arbeit, weil sie Massenbewegung bleibt. Sie hat keine Induction. In der Mechanik nennt man übertragene Bewegung auch Arbeit.

2. **Wärme.** Sie ist jene bekannte Bewegung, die das Gefühl anzeigt und das Thermometer misst. Sie ist eine in sich zu-

rückkehrende Molecularbewegung von ewiger Dauer. Kein Körper ist von ihrer Mittheilung ausgeschlossen. Mittheilung der
Wärme ist keine Arbeit desselben. Sie hat zwei Arten der Uebertragung: 1. Leitung. 2. Strahlung. Die Leitung ist die Mittheilung einer Bewegung durch Anstoss, wobei der stossende Körper
so viel an Bewegung verliert, als der gestossene gewinnt. Leitung
der Bewegung ist ebenfalls keine Arbeit derselben, so lange die
Wärme als solche wahrnehmbar ist.

Die Strahlung durch diathermane Körper geht nach den Gesetzen der Wellenbewegung durch beständigen Umsatz von Bewegung in Kraft und umgekehrt. Die Strahlung leitet die ganze
Wärme fort, und der eben den Strahl aufnehmende und abgebende Punkt bleibt ohne alle Wärme zurück. Bei der Leitung
findet nur ein Ausgleichen statt. Wenn beide Theile gleichviel
Schwingungen machen, so kann keiner dem andern eine Bewegung
mittheilen oder von ihm empfangen, oder er empfängt ebensoviel,
als er abgibt. Die Wärmestrahlung geht nicht durch alle Körper, wie die Leitung.

Umsetzung der Wärme in Massenbewegung findet statt durch
Ausdehnung in der calorischen und Dampfmaschine; Umsetzung
der Wärme in Licht bei jeder grossen Intensität der Wärme; in
Elektricität bei der Thermosäule; in chemische Bewegung bei
dem Schmelzen und Vergasen, beim Zusammenschmelzen verschiedener Metalle, bei der Bildung des Schwefelkohlenstoffs, der Allotropieen, der Destillation, Sublimation etc.

Die Verwandlung von Licht und strahlender Wärme in geleitete Wärme ist ganz gleichlaufend mit der Verwandlung der
Massenbewegung in Wärme. Nur die geleitete Wärme hat die
Eigenschaft, die Körper auszudehnen, und diese Eigenschaft besitzt ausser der Wärme keine andere Bewegung als die chemische.

3. Licht. Es ist eine Wellenbewegung, und hat nur diese
Art der Fortpflanzung und kein Analogon der Leitung. Licht
geht nur durch wenige Körper, die man durchsichtige nennt. Die
meisten Körper lassen es nicht durch, oder nur spärlich. Vom
Lichtstrahl nimmt man an, dass sich die lichtschwingenden Theile
des Körpers in einer Ebene senkrecht auf der Richtung des Strahles bewegen, aber in allen Richtungen dieser Ebene. Geschieht die
Bewegung nur in einer Richtung dieser Ebene, so heisst der Strahl
polarisirt. Licht verschwindet immer als Wärme. Seine di

recte Umsetzung in Massenbewegung, Elektricität, ist nicht bekannt, und kann nur durch das Zwischenglied der Wärme geschehen. In chemische Bewegung wird es vielfach umgesetzt: die Entzündung des Chlorknallgases, das Ausbleichen der Farben, die Zersetzung des oxalsauren Eisenoxyds, die photographische Wirkung etc. Der Umstand, dass alle Wärme bei einer gewissen Intensität auch Licht gibt, wobei aber natürlich die Beschaffenheit unserer Augen mitspielt, lässt vermuthen, dass Licht und Wärme am meisten von allen Bewegungen mit einander verwandt sind. Man kennt jedoch Licht ohne Wärme, d. h. ohne für unsere Instrumente anzeigbare, und Wärme ohne Licht. Die chemischen Wirkungen des Lichtes können nicht durch Wärme hervorgebracht oder erklärt werden. Der Unterschied kann in der Wellenlänge bestehen.

Licht hat keine Fernewirkung.

4. Strömende Elektricität. Sie hat nur eine Art der Fortpflanzung, nämlich durch Leitung; eine eigentliche Strahlung hat sie nicht, wohl aber eine Fernewirkung nach Art des Magnetes. Man darf die Vertheilung der gemeinen Elektricität unter dem Einfluss statisch elektrisirter Körper nicht mit einer Strahlung verwechseln, denn Strahlung ist wirkliche Fortpflanzung der Bewegung, Fernewirkung nur die Erregung einer Kraft auf Kosten der eigenen. Der geladene Conductor, der auf einen andern vertheilend wirkt, verliert nichts an seiner Bewegung, sondern nur an seiner Kraft, indem der vertheilte Conductor daran gewonnen hat. Sobald der vertheilte Conductor entfernt wird, hat der vertheilende seine ganze Kraft wieder. Sobald der Funken überschlägt, also Bewegung eintritt, verwandelt sich die statische Elektricität in bewegte und löst sich dann im selben Augenblick in eine äquivalente Menge Wärme auf. Die statische Elektricität kann unbestimmt lange bestehen ohne etwas zu verlieren; die strömende löst sich in jedem Augenblick in Wärme auf: wie sie tödtet, ist sie todt. Die Umsetzung der Elektricität in die anderen Formen der Bewegung ist überall gegeben.

Strömende Elektricität löst sich im Leitungsdrahte beständig in Wärme auf, und bei genügender Intensität auch in Licht, welches dann selbst wieder als Wärme verschwindet. Sie erzeugt Massenbewegung in der abgelenkten Magnetnadel und allen elektromagnetischen Maschinen. In der Zersetzungszelle tritt sie als chemische Bewegung auf, indem sie den Bestandtheilen des Wassers ihre Gasform und Verbrennungswärme wieder ertheilt. Da der Magnet selbst nur eine Kraft aber keine Bewegung hat, so kann die statische Elektricität nicht auf die Magnetnadel wirken, wenigstens nicht anders, als auf jeden leitenden Körper.

5. **Chemische Bewegung oder Affinität.** Es ist eine an den Körpern haftende in sich zurückkehrende Bewegung, welche nicht übertragbar ist, also keine Art der Fortpflanzung hat. Sie bedingt die chemischen Eigenschaften der Körper. Bei der Verbindung zweier Körper tritt ein Theil in Gestalt von Wärme und Licht auf. Sie ist zuerst von mir in meiner letzten Schrift als eine besondere Form der Bewegung aufgestellt, beschrieben und in ihren Wirkungen, erläutert worden.

In der galvanischen Kette nimmt sie zuerst die Form des elektrischen Stromes, dann die der Wärme und des Lichtes an. Massenbewegung kann nicht unmittelbar, sondern nur vermittelst der Wärme durch Ausdehnung, oder vermittelst des elektrischen Stromes durch Induction hervorgebracht werden.

Sie muss eine wirkliche an den Körpern haftende Bewegung sein, weil sie ohne Mitwirkung des Raumes als eine neue Form von Bewegung erscheint (Chlor und Wasserstoffgas).

B. Kräfte.

6. **Schwerkraft.** Sie haftet an jeder Materie, ist eine unveräusserliche Eigenschaft derselben, kann weder übertragen, noch vermehrt oder vermindert werden. Sie wirkt durch Anziehung und erscheint als eine Kraft aller Körper auf alle. Die Gesetze des freien Falles, welche die der Pendelbewegung einschliessen, sind der mathematische Ausdruck ihrer Wirkung. Wenn sie zur Wirkung kommt, so erzeugt sie zunächst Massenbewegung, die selbst bei ihrer endlichen Hemmung in Wärme übergeht. Ihr Zug kann nicht vermindert und vermehrt werden, allein die Wirkung kann ausgeglichen werden. Bei den Planeten wird die anziehende Wirkung durch eine Bewegung ausgeglichen, bei den Fixsternen durch die Unendlichkeit des Weltalls und weil ein Unendliches an allen Stellen gleich ist. Der allseitige Zug der

Sonnen bewirkt, dass sie dem Zuge der Schwere nicht folgen
können, wobei aber die Unendlichkeit der Welt die einzige und
letzte Bedingung ist. Die Wirkung der Schwere wird durch Cohäsion gehemmt. Eine unterstützte oder aufgehangene Last kann
unendlich lange ohne zu arbeiten in ihrem Zustande bleiben. Der
kleinste Eindruck in die Unterlage oder die kleinste Verlängerung
des Fadens erzeugt Bewegung oder Arbeit der Schwere. Schwere
und Cohäsion sind zwei todte Kräfte, die aufeinander wirken können,
ohne Bewegung zu erzeugen. Die Schwere kann Cohäsion aufheben (Zerreissen), oder sie kann von der Cohäsion in ihrer Wirkung gehemmt werden (Druck, Zug).

7. **Der Magnetismus oder die magnetische Kraft.** Sie
haftet nur an wenigen Körpern und wirkt nur auf wenige. Sie kann
nicht übertragen, und nicht ohne Bewegung erregt werden. Sie hat
keine Leitung und keine Strahlung, sondern eine Fernewirkung.
Dieselbe besteht aber nicht, wie bei der Schwere, in gleichartiger
Anziehung, sondern in Anziehung und Abstossung zugleich, wodurch
nur eine Richtung oder Drehung erfolgt. Bei sehr ungleicher Entfernung der Pole entsteht auch eine Anziehung nach Art der Schwere,
welche jedoch nur in dem Ueberwiegen der Anziehung gegen die
Abstossung besteht. Elektrischer Strom erregt in den magnetischen
Metallen Magnetismus, und in den bereits magnetisirten Bewegung,
und ein bewegter Magnet erregt in einem Leiter einen elektrischen
Strom. Der Magnetimus kann nicht als eine Bewegung angesehen
werden, sondern nur, wie die Schwere, als eine todte Kraft. Er
lässt sich nicht in eine der fünf Bewegungen überführen, ausser mit
Hülfe einer andern Bewegung. Wird in der Nähe eines Magneten
ein für den elektrischen Strom durchgänglicher Körper bewegt, so
entsteht in diesem ein elektrischer Strom senkrecht auf die Richtung
der Bewegung. Dieser Strom löst sich sogleich wieder in Wärme auf,
wie alle elektrischen Ströme, allein diese Wärme ist die Arbeit der
Massenbewegung, durch welche der Strom erregt wurde. In dem
Augenblicke, wo ein Körper in der Nähe eines Magneten bewegt wird,
besitzt dieser Magnet vorübergehend eine schwächere Polarität,
und wie beim Falle der Körper Schwere consumirt wird, so wird
bei der Erregung eines elektrischen Stromes in der Nähe eines
Magneten Magnetismus consumirt. Es gehört mehr Anstrengung
dazu, eine Kupferscheibe in der Nähe eines Magneten zu drehen,
als ohne diese Nähe, und dieser Mehrverbrauch von Muskelkraft

kommt von der in der Kupferscheibe auf Kosten des Stroms entstehenden Wärme, da Reibung und Luftwiderstand in beiden Fällen gleich sind. In ganz gleicher Weise geht eine Maschine, eine Drehbank schwerer, wenn die Achse sich erwärmt. In welcher Art diese Einwirkung des Magneten auf den bewegten Leiter stattfindet, ist bis jetzt nicht begriffen.

8. **Spannungelektricität.** Sie wirkt als Kraft ähnlich der magnetischen, anziehend und abstossend. Sobald sie strömt, verwandelt sie sich in Wärme, und die Spannung schwindet. Ihre Arbeit ist Null, wenn sie nicht strömt.

9. **Cohäsion.** Die gemeinste von allen Kräften ist die räthselhafteste. Sie hat weder Leitung, noch Strahlung, noch Fernewirkung, noch Raumerfüllung, und sie kann nicht übertragen werden. Dass sie eine todte Kraft und keine Bewegung ist, leuchtet hierbei mehr als bei jeder der beiden anderen Kräfte ein. Eine Last kann Jahrtausende an einem Nagel, an einem Stricke hängen oder auf einer Unterlage liegen, ohne dass die Stärke der Aufhängung oder der Unterlage durch ihre Benutzung verändert werde. Cohäsion entsteht, wenn Bewegung austritt. Wir sehen überall das Auftreten der Cohäsion mit Freiwerden von Wärme verbunden, wie beim Erstarren geschmolzener, beim Verdichten gasförmiger Körper. Die Wärme als eine Bewegung wird verbraucht, um Cohäsion aufzuheben, und Bewegung entweicht, wenn Cohäsion erscheint. Sie äussert sich nur in unmittelbarer Berührung der Körper. Zwei eben geschliffene Glasplatten können durch innige Berührung zu einer einzigen zusammenwachsen; das Zusammenschmelzen der Körper ist derselbe Vorgang, wie das Löthen, Kitten, Leimen, Mauern etc. Die Capillarität ist eine Form der Cohäsion. Man kann durch Cohäsion keine Bewegung erzeugen. Härte und Schwerschmelzbarkeit stehen vielfach mit einander in Beziehung, jedoch durchaus nicht immer. Der Diamant ist der härteste und schwerschmelzbarste Körper, dagegen Stahl ist härter und schmilzt leichter als Eisen. Granat ist härter als Quarz, schmilzt aber leichter. Die Härte der meisten Metalle stimmt vielfach mit ihrer Schmelzbarkeit.

Betrachten wir die Bewegungen und Kräfte nach ihrer Art der Abstammung, Fortpflanzung und Existenz, so haben wir folgende Tafel:

	Strahlung	Leitung	Fernewirkung	Raumerfüllung
Wärme	+	+	0	+
Licht	+	0	0	0
Elektricität, ström. .	0	+	+	0
Massenbewegung . .	0	+	0	0
Chemische Bewegung	0	0	0	+
Magnetismus	0	0	+	0
Spannungselektricität	0	0	+	0
Schwere	0	0	+	0
Cohäsion	0	0	0	0

Es bedeutet + die Anwesenheit, 0 die Abwesenheit einer Eigenschaft. Es erscheinen hier drei Nummern mit derselben Bezeichnung, nämlich Magnetismus, Spannungselektricität und Schwere, und zwar wohl nur deshalb, weil der Begriff Fernewirkung zu weit gegriffen ist. Schwere zeigt nur Anziehung, dagegen Magnetismus und Spannungselektricität zugleich Anziehung und Abstossung.

Uebergang von der Massenbewegung in Molecularbewegung.

Beim Stosse unelastischer Körper bemerkt man ein Verschwinden der Bewegung, die Körper kommen zur Ruhe. Die Lehrbücher drücken dies so aus, dass dabei lebendige Kraft verloren gehe. Das ist aber nach dem Princip der Erhaltung der Kraft unmöglich, und es muss hier eine Ungenauigkeit im Ausdruck liegen. Wenn unelastische Körper mit Verlust von Bewegung sich treffen, so treten zwei Erscheinungen zugleich ein: Entwicklung von Wärme und vermehrte Cohäsion durch Verdichtung. Die Wärme als solche ist selbst eine Art der Bewegung und kann keinen Verlust an lebendiger Kraft bedingen, sondern nur eine Veränderung der Form, so dass wir an Stelle eines geradlinig bewegten Körpers einen warmen finden; dagegen vermehrte Cohäsion ist eine todte Kraft. Das ausgeglühte Stück Silber wird unter dem Prägestempel hart und warm, und setzt nun als Münze der Abnutzung einen weit grössern Widerstand als früher entgegen. Die gewonnene Eigenschaft der Dichtigkeit, des Widerstandes gegen Trennung einzelner Theile ist aber eine blosse Kraft und keine Bewegung, obwohl man nicht sogleich einsieht, wie diese Kraft wieder in Bewegung übergeführt werden könne.

Derselbe Vorgang findet beim Einrammen der Pfähle in den Boden statt; ein Theil der Bewegung wird in dem ganzen Umfange des Erschütterungskreises in Wärme umgesetzt, ein anderer Theil' in grössere Cohäsion des Erdbodens. Es lässt sich nun nicht durch das Experiment nachweisen, ob nicht alle Bewegung in Wärme umgesetzt sei, und die vermehrte Cohäsion kein Aequivalent in dem Vorgange habe. Unter dieser Annahme würde die Behauptung der Lehrbücher, dass beim Stosse unelastischer Körper Verlust an lebendiger Kraft stattfinde, keine Begründung haben und der unelastische Körper lediglich das mechanische Mittel sein, die ganze Snmme der Bewegung in eine äquivalente Menge Wärme umzusetzen. — Wir haben oben betrachtet, dass bei dem Schwunge des Pendels abwechselnd Bewegung in Kraft und Kraft in Bewegung umgewandelt werde. Das Pendel hat in jedem Punkt seiner Bahn eine andere Beschleunigung, nämlich die gemeine Beschleunigung der Erde ($g = 9,81$ Meter) multiplicirt mit dem Sinus des Ausschlagswinkels. Dieser ist aber in Bezug auf die gleichbleibende Länge des Pendels die horizontale Entfernung des Pendels von den Verticalen unter dem Aufhängepunkt. Ist das Pendel bis zur Höhe des Aufhängungspunktes gehoben, so ist die Entfernung von der Verticalen gleich der Länge des Pendels, also der Quotient der Verticalen durch die Schiefe, welche den Sinus bedingt, gleich eins; die Beschleunigung ist also die volle Schwere; hängt das Pendel vertical, so ist seine Entfernung von der Verticalen $= 0$, folglich auch die Beschleunigung $= 0$. In jeder Zwischenlage ist die Beschleunigung um so grösser, je weiter das Pendel von der Ruhelage entfernt ist. Die in allen Lagen empfangene Beschleunigung ist also die Summe dieser einzelnen und wechselnden Grössen der Beschleunigung. Es folgt nun daraus, dass sich das Pendel vom Anfang seiner Bewegung an mit zunehmender Geschwindigkeit bewegt, wenn gleich die Beschleunigung bis zur Ruhelage immer abnimmt, aber erst in der Ruhelage selbst gleich Null wird. Ganz dieselbe Bewandtniss hat es mit jeder Wellenbewegung. Bei der schwingenden Saite ist die Spannung,

also der Zug rückwärts, um so stärker, je weiter die Saite aus der
Ruhelage entfernt ist; sie beginnt also ihre Rückbewegung mit
der grössten Beschleunigung; diese nimmt aber in jedem Augenblick ab, je mehr sie sich der Ruhelage nähert, und wird in dieser
gleich Null. Es muss also auch die Saite mit immer grösserer
Geschwindigkeit, wenn auch mit abnehmender Beschleunigung,
sich aus ihrer grössten Ausweichung nach der Mitte bewegen.
Nehmen wir nun eine dünne und kurze Saite an, welche den
höchsten Ton gibt, in welchem Falle sie etwa 16 000 Schwingungen
in der Secunde macht, die man mit dem Auge kaum mehr als
Verdickung der Saite erkennen kann, so nähern wir uns hier der
Molecularbewegung, welche innerhalb der Gränze der Elasticität,
also ohne Verlust an lebendiger Kraft stattfindet. Wir müssen
uns einen warmen Körper als einen solchen vorstellen, in welchem
jedes Molecül der Substanz gegen sein benachbartes durch Cohäsion
zusammengehalten ist, und innerhalb gewisser Gränzen, die wir
der vollkommenen Elasticität zuschreiben müssen, Schwingungen
in jeder Richtung des Raumes ausführen kann.

Da die Elasticität eines Körpers sich um so mehr der Voll-
kommenheit nähert, als die Entfernungen der Theilchen aus der
Gleichgewichtslage kleiner sind, so ist einleuchtend, dass jede ge-
hemmte Bewegung sich in solche Bewegungen umsetzen müsse,
für welche alle Körper innerhalb gewisser Gränzen vollkommen
elastisch sind. Wird nun ein fallendes Gewicht durch einen festen
Widerstand in seiner Bewegung gehemmt, und besitzt der Körper
nicht eine solche Elasticität, dass er das fallende Gewicht auf
seine Fallhöhe zurückschnellt, so muss die Bewegung, welche bis
dahin Massenbewegung war, in Molecularbewegung übergehen,
und die Grösse der Massenbewegung durch vermehrte Zahl der
Schwingungen innerhalb des Körpers selbst ausgeglichen werden.
Ist aber der Körper elastisch, so nimmt er die Bewegung als Spannung auf und gibt sie im folgenden Augenblick als Bewegung wieder
zurück. Aus diesem Grunde werden elfenbeinerne Kugeln selbst
an der Aufschlagstelle nicht erwärmt, wohl aber hölzerne. Der
Uebergang der Massenbewegung in Molecularbewegung ist also
durch den Umstand bedingt, dass der getroffene Körper die ganze
Bewegung nicht als Spannung aufnehmen kann, demnach sogleich
einen Theil oder wenn er ganz unelastisch wäre, die ganze Massenbewegung in Molecularbewegung umsetzen muss, und diese ist
erfahrungsmässig immer Wärme. Da die Bewegung ein unver-

nichtbares Object ist, so muss sie, wenn sie nicht als Spannung
aufgenommen und aufbewahrt werden kann, eine andere Form
annehmen, die mit dem Umstande, dass sie gradlinig nicht fortgesetzt werden kann, vereinbar ist, und das ist eine im kleinsten
Raum vorhandene Bewegung der kleinsten Theile von ungeheurer
Schwingungszahl aber kleiner Excursionsweite. Wenn wir erfahren, dass 1400 Pfund einen Fuss hoch fallend, also eine Bewegungsgrösse von 1400 Fusspfund 1 Pfund Wasser nur um 1° C. erwärmen, so müssen wir uns einen Begriff von der grossen Anzahl
der Schwingungen machen, die als Bewegungsgrösse in einem Pfund
warmen Wassers stecken. Ebenso folgt umgekehrt daraus, dass,
wenn wir die Wärmebewegungen, welche das Wasser um 1° C. erhöhen, strecken und aneinander legen könnten, wir damit 1 Pfund
Last auf 1400 Fuss oder 1400 Pfund Last auf einen Fuss müssten
erheben können. Hierin liegt denn auch der Grund, warum die
aus der Bewegung erzeugte Wärme so ungeheuer klein erscheint.
Wir haben oben gesehen, dass ein Eisenbahnzug von 100 000 Pfund
und 36 Fuss Geschwindigkeit eine Bewegungsgrösse von 2 090 000
Fusspf. enthält. Wird dieser Zug durch Bremsen zum Stillstehen
gebracht, so ist die ganze an allen Rädern entwickelte Wärme $=$
$\frac{2\,090\,000}{1400} = 1493$ Wärmeeinheiten; man wird als mit dieser Wärme
1493 Pfund Wasser um einen Grad erwärmen, oder 14,93 Pfund
von 0° bis zum Kochen bringen können. Also etwa 15 Pfund
kochendes Wasser enthalten ebensoviel Bewegung als der ganze
Eisenbahnzug. Wenn sich an der Drehbank die Spindel kaum
fühlbar erwärmt, so kann man mit dem Fuss kaum mehr das
Schwungrad bewegen.

    In meinem Regulator wiegt das Gewicht 33 Pfund, und die Fall-
höhe beträgt 4 Fuss. Der ganze mechanische Effect oder die Bewegungsgrösse beträgt also 132 Fusspfund, und in Wärmeeinheiten ausgedrückt $\frac{132}{1400} = \frac{1}{10,6}$° C. Mit dieser Kraft geht die Uhr ein
ganzes Jahr lang, und das 25 Pfund schwere Pendel macht täg-
lich 86 400 Schwingungen, und die in der Uhr verbrauchte Bewegung reicht als Wärme noch nicht hin, um 1 Pfund Wasser um
$1/10$° C. zu erwärmen.

    An dieser Stelle wäre auch der etwas laxe Begriff der Rei-
bung näher festzustellen.

    Reibung ist unter allen Umständen Hemmung der Bewegung

durch den senkrechten oder schiefen Anprall hervorragender oder sich berührender Theile. Ragen keine Theile hervor, ist also die Oberfläche glatt, glänzend, polirt, so ist auch die Reibung unbedeutend. Da aber auch zwischen festen Theilen derselben Art durch blosse Berührung Cohäsion entsteht, so können sehr glänzend polirte Flächen durch die Grösse der sich berührenden Antheile eine grosse Cohäsion und grossen Widerstand gegen Verschieben zeigen. In diesem Falle lässt man wenige Tropfen einer schlüpfrigen Flüssigkeit, Schmiermittel, dazwischen, welche an den beiden Flächen anhaften und jetzt nur mehr eine Trennung flüssiger Theile gestatten, während sie die Berührung der festen durch ihre Dazwischenlagerung verhindern. Die Adhäsion der Flüssigkeit an die festen Körper ist diejenige Kraft, welche das Schmiermittel zwischen den reibenden Flächen hält. Ist die reibende Fläche klein und der Druck gross, so kann das Schmiermittel herausgedrückt werden und es entsteht von Neuem Berührung der festen Theile. Bei grossen nicht stark gedrückten Flächen wählt man als Schmiermittel ein dünnflüssiges Oel, bei starkem Druck Schweineschmalz, Talg, Palmöl, bei noch stärkerem Druck auf kleine Flächen Wachs. So schmiert man Uhren, Drehbänke, mathematische Instrumente mit Oel, Eisenbahnwagenachsen mit Palmöl, die Gluppe beim Schraubenschneiden mit Wachs.

Der Wilde erzeugt sich Feuer durch Reibung zweier Holzstücke unter grossem Druck aneinander; der Geiger bestreicht seinen Bogen mit Colophonium um Reibung hervorzubringen, der Seiltänzer seine Sohlen mit Kreide. Wo Reibung eintritt, stellt sich auch Wärme ein, und diese ist das Aequivalent der verwandelten Massenbewegung.

Das schönste Beispiel von Wärmeerzeugung durch Massenbewegung bieten die Meteorite dar. Mit ihrer durch die Anziehung der Erde beschleunigten planetarischen Bewegung brechen sie in die dünnsten Schichten der Atmosphäre ein, und werden weissglühend bis zum Verbrennen von metallischem Eisen und bis zum Schmelzen der Silicate. Diese Hitze ist aus vernichteter Massenbewegung entstanden, und jedes Meteor, welches in unserer Atmosphäre geleuchtet hat, muss an Geschwindigkeit verloren haben und kann nur mehr in einem weiteren Kreise um die Sonne rotirend bleiben, an jener Stelle nämlich, wo die Umlaufsbewegung gerade der Sonnenanziehung das Gleichgewicht hält. Die Summe der austretenden Wärme ist auch hier proportional dem Quadrate

der Geschwindigkeitsänderung. Nehmen wir an, das Meteor bringe
eine Geschwindigkeit von 8 Meilen = 192000 Fuss in der Secunde
mit, und eine Kanonenkugel habe eine Geschwindigkeit von
1000 Fuss, so hat das Meteor eine 192mal grössere Geschwindigkeit und sein Effect in Wärmeentwicklung ist $192^2 = 36864$ mal
so gross, als der einer gleich schweren Kanonenkugel an jener
Stelle mit ihrer Schussgeschwindigkeit. Nur ist hier Arbeit in
Masse mal dem Quadrat der Geschwindigkeit und nicht in Steighöhe gemessen.

In unseren aufgeklärten Zeiten wird ein Physiker nicht mehr
unternehmen, die Unmöglichkeit des Perpetuum mobile zu beweisen. Dagegen würde es sehr auffallend erscheinen, wenn einer
behauptete, dass jedes Ding ein Perpetuum mobile sei. Nur das
mechaniche Perpetuum mobile ist unmöglich, weil wir keine Massenbewegung ohne Berührung und keine Berührung ohne Reibung
haben können. Ein warmer Körper, ein Stück Phosphor, ein
Liter Luft ist ein vollständiges Perpetuum. mobile, nur können
wir die Bewegung nicht sehen, allein sie steckt darin, und wir
können sie in jedem Augenblick herausziehen.

Nun kommen wir an diejenige Bewegung, welche die chemischen Erscheinungen bedingt. Zunächst stellt sich uns die Frage,
ob wir das Recht haben, die chemischen Erscheinungen auf eine
Bewegung zurückzuführen. Diese Frage muss entschieden bejaht
werden. Wenn sich Körper chemisch mit einander verbinden, so
dass daraus eine ausgesprochene chemische Verbindung entsteht,
so wird jedesmal Wärme frei. Da die Wärme eine Bewegung ist,
und eine solche nicht aus Nichts entstehen kann, so muss sie in
den Körpern vor der Verbindung als eine Bewegung von anderer
Form vorhanden gewesen sein, und durch den Act der Verbindung
nur die bekannte Form der Wärme angenommen haben. Wird
bei einer Verbindung Wärme frei, so folgt nothwendig, dass das
neue Product weniger lebendige Kraft oder Bewegung enthält, als
die Bestandtheile vor ihrer Verbindung, und zwar ganz genau um
die Summe der als Wärme entwichenen Bewegung. Wenn wir
nun einerseits an den Körpern diese Bewegung nicht als Wärme
fühlen und messen können, wenn wir betrachten, dass diese Eigenschaften an den Körpern haften und ihnen nicht durch Abkühlung
entzogen werden können, so kommen wir zu dem Schlusse, dass
die chemischen Eigenschaften, die wir Affinität nennen, in einer
besonderen Form der Bewegung bestehen, die von dem Körper

nicht getrennt werden kann, so lange.er seine Form der Existenz
behält, die aber jederzeit durch den Act der chemischen Verbindung in Gestalt von Wärmebewegung, von elektrischem Strom, von
Licht zum Vorschein gebracht werden kann.

Ein directer Beweis für die Molecularbewegung in den einzelnen chemischen Körpern liegt in der Diffusion der Gasarten,
Flüssigkeiten und festen Körper.

Zwei Gasarten, welche nach ihrem specifischen Gewichte
über einander geschichtet oder durch eine dünne Membran getrennt sind, vermischen sich endlich so, dass an jeder Stelle gleichviel von beiden Gasen enthalten ist. Die innere Bewegung der
Theilchen, welche nach ihrer chemischen Verschiedenheit ungleich
ist, bringt an den Gränzen der Berührung Störungen des Gleichgewichts und dadurch örtliche Bewegung hervor. Es entsteht eine
gemengte Schichte, welche gegen jedes einzelne Gas weniger diffe-
rent ist, als es vorher die getrennten Gase waren. Diese gemengte
Schichte verlangsamt die Bewegung, weil in ihr schon Theilchen
des einen und des anderen Gases vorhanden sind, die gegen das
ungemengte Gas gleichartig sind. Da aber immer noch eine Differenz der Bewegung stattfindet, so wird die Ortsbewegung nicht
aufhören, sondern nur langsamer vor sich gehen; sie hört erst vollständig auf, oder wir können sie nicht mehr wahrnehmen, wenn
vollständige gleichartige Druchdringung eingetreten ist. Da Gleichheit der Temperatur vorausgesetzt war, so konnten die Wärmebewegungen keine Ortsveränderung der Moleküle veranlassen. Zwischen zwei ungleichen Wärmequellen, die sich in den Brennpunkten
zweier gegeneinander gestellter Brennspiegel befinden, tritt Ausgleichung der Temperatur ein. Hat dieselbe stattgefunden, so
nehmen wir an, dass die Strahlung aus beiden Wärmequellen ununterbrochen fortdauere, aber wir können keine Veränderung mehr
wahrnehmen, weil Ausgabe und Einnahme auf beiden Seiten gleich
sind.   In gleicher Weise müssen auch die Molecularbewegungen
fortdauern, weil eine Bewegung nicht ohne Wirkung verschwinden
kann, und weil die Wärmeentwicklung bei weiterer chemischer
Vereinigung die Gegenwart einer Bewegung beweist.

Ganz dieselbe Erklärung gilt für Flüssigkeiten. Auch diese
diffundiren, bis sie gleichartig sind. Es ist in dieser ewig dauernden Bewegung die Ursache der Bildung der krystallinischen Gesteine in der Erde von mir bezeichnet worden, und es würde in
der Erde zuletzt vollständige Ausgleichung der chemischen Diffe-

renz und damit das Aufhören neuer Felsbildung eintreten, wenn nicht eine ewige Ursache vorhanden wäre, welche die Ausgleichung nicht zu Stande kommen lässt. Diese Ursache ist das Eindringen von reinem Wasser, welches als Regen und Schnee über die ganze Erde geführt wird, in die Schichten der Erde, welches selbst eine mechanische Fortschiebung der bereits vorhandenen Flüssigkeiten durch hydrostatischen Druck bewirkt.

Es erscheint uns ferner die Summe der Bewegung, welche die chemische Affinität bedingt, ungeheuer gross im Vergleich zu der freien Wärme, welche die Bestandtheile vor ihrer Verbindung enthielten (s. unten).

Wir benutzen die Bewegung, welche in der chemischen Affinität liegt, zur Hervorbringung einer anderen Bewegung, der Wärme, und diese Wärme entweder unmittelbar, zum Schmelzen, Verdampfen, Trocknen, Heitzen oder zur Umsetzung in eine andere Bewegung, Massenbewegung. Dass dies nur durch Ausdehnung geschehen könne, ist schon oben gesagt worden. Die chemische Bewegung unterscheidet sich also von der Wärmebewegung, dass sie nicht von einem Körper auf den anderen übergehen kann, ehe sie die Form von Wärme angenommen hat, dass sie nicht nur in den chemischen Verbindungen eine andere ist, als an den Bestandtheilen, sondern dass sie selbst an den Elementen in ungleicher Menge vorhanden sein kann, wie die Allotropien des Phosphors, Schwefels, Selens, Arsens, der Kohle, des Borons, Siliciums und anderer Elemente zeigen. Durch jede chemische Verbindung, wodurch Wärme frei wird, geht ein Theil der chemischen Bewegung in das grosse Capital der Wärme über und wird auf der Erde nur durch das Wachsthum der Pflanzen wieder als chemische Differenz hergestellt.

Der Satz von der Erhaltung der Kraft.

Zwei grosse Sätze haben der Chemie und der Physik die Gestalt einer Wissenschaft gegeben:

1) Der Satz von der Unzerstörbarkeit der Materie und 2) der Satz von der Unzerstörbarkeit der Kraft oder wie man es gewöhnlich nennt, das Gesetz von der Erhaltung der Kraft. Nach unserer Begriffsbestimmung müssten wir ihn den Satz von der Erhaltung der Bewegung nennen.

Die Unzerstörbarkeit der Materie ist ein rein empirischer Begriff, der sich aus tausend Erfahrungen in der Chemie herausgestellt hat. Kein Philosoph würde durch reine Speculation diesen Begriff haben entwickeln können, und der Famulus in einem chemischen Laboratorium hat davon eine bessere Ansicht und Ueberzeugung, als ein Mathematiker oder Philosoph, der nicht zugleich etwas von Chemie wüsste. Es hat sich dieser grosse Satz sehr bald durch die Wage herausgestellt, nachdem Lavoisier die Welt der Stoffe so geordnet hatte, wie Copernicus die Welt der Welten. Der Begriff Element ist ebenfalls ein empirischer und überhaupt nur dem Chemiker zugänglich. Beide zusammen sind die Grundlage der Chemie.

Dass sich der Satz von der Erhaltung der Kraft erst viel später, im vierten Jahrzehend unseres Jahrhunderts, als unabweislich ergeben hat, lag in der viel grösseren Schwierigkeit, Kräfte zu messen als wägbare Körper zu wägen. Aber auch damals ist er mehr in Folge physikalischer Anschauungen und Schlüsse, als durch den Versuch bestätigt worden, und er wurde schon als unfehlbar angesehen, ehe man diese Bestätigung hatte, die auch selbst jetzt noch nicht diejenige Schärfe hat, die man von einem so strengen Satze verlangen kann. Zu dem Satze von der Erhaltung der Kraft kam nun auch noch jener von der Einheit der Naturkräfte, wonach jede Art von Bewegung in eine der Quantität nach bestimmte Menge eines anderen übergeführt werden kann.

Die englischen Schriftsteller sind sehr geneigt, ihrem grossen Landsmanne Newton diesen Satz aus einigen Stellen zuzuschreiben, namentlich hat Prof. Guthrie Tait mehrmal die Behauptung aufgestellt, dass schon Newton das Princip der Erhaltung der Kraft vollkommen ausgesprochen habe. Bohn hat ähnliche Stellen aus Descartes und Bernoulli angezogen, um dasselbe für diese Forscher zu beweisen. Akin in seiner Abhandlung über die „History of force" (Philos. Magazine 28, 470) ist der Ansicht, dass Newton's Lehre wohl bei dem Stosse elastischer aber nicht unelastischer Körper Geltung habe. Die betreffende Stelle bei Newton heisst: „A congressu et collisione corporum nunquam mutabatur quantitas motus, quae ex summa motuum conspirantium et differentia contrariorum colligebatur."

In der That hat Newton seinen Satz nur für Massenbewegung aufgestellt, und den Beweis der Unzerstörbarkeit der Bewe-

gung aus der ewigen Dauer der Planetenbewegung entnommen.
Dieser Satz fand seine Bestätigung im Pendel, in der durch Verminderung der Reibung länger dauernden Bewegung, und wurde
von ihm in der allgemeinen Form nur für Massenbewegung ausgesprochen. Dass in zwei durch centralen Stoss zu Ruhe gekom-
menen unelastischen Körpern dieselbe Summe von Bewegung wie
vor dem Stosse vorhanden sei, wurde durch einen mathematischen
Ausdruck deutlich gemacht, genügt uns aber heute nicht mehr,
weil wir wissen, dass durch das zur Ruhekommen wirklich keine lebendige Kraft verloren geht, sondern nur eine andere Form annimmt.
Aus diesem Grunde können wir auch die übliche Form der Darstellung, dass der Stoss unelastischer Körper mit einem Verlust
an lebendiger Kraft verbunden sei (Müller, Physik, 6. Aufl. 1,
275) nicht gelten lassen, weil hier nur Massenbewegung verstanden
wird, während Wärme ebenso gut lebendige Kraft ist als Massenbewegung. Wenn es überhaupt einen Fall gäbe, wo lebendige
Kraft verloren ginge, verschwände, so existirte das Gesetz der
Erhaltung der Kraft gar nicht.

Huyghens drückt sich im Journal des savans, Mars 1699,
Vol. II, p. 534 über diesen Gegenstand aus:

„La quantité du mouvement, qu'ont deux corps, se peut aug-
menter ou diminuer par leur rencontre; mais il y reste toujours la
même quantité vers le même coté en contrayant la quantité du
mouvement contraire" und weiter: „La somme des produits fait
de la grandeur de chaque corps dur multiplié par la quarré de
la vitesse est toujours le même devant et après le rencontre."

Natürlich gilt auch dies nur von dem Stoss vollkommen elastischer Körper, während bei unvollkommen elastischen immer ein
Theil der Massenbewegung, der sich aber durch keine Formel berechnen lässt, weil kein Körper absolut unelastisch ist, in Wärme
umgesetzt wird. Doch fehlt dieser Ausdruck allen früheren Erklärungen und musste auch fehlen, weil man die freiwerdende
Wärme gar nicht beachtete, selbst nicht einmal beobachtete.

Placidus Heinrich sagt 1812 in seinem Werke über die
Phosphorescenz der Körper: „Wir wissen wenigstens soviel mit
Zuverlässigkeit, dass in der Natur nichts verloren geht; alles erhält sich nur durch einen steten Umtausch; das Eine gewinnt
durch den Verlust des Anderen, das Eine entsteht durch das Verschwinden des Anderen. Also im Universum nie Verlust, nur
Wechsel und Umtausch."

Diese Stelle ist nur insofern nicht bestimmt genug, als man
alles auf ponderable Stoffe, auf die chemischen Elemente beziehen
kann, wo sie dann nichts weiter sagt, als dass die Materie nicht
zerstörbar sei, was aber schon 40 Jahre vorher bekannt und ausgedrückt war.

Wenn man frühere bezügliche Stellen sucht, so könnten auch
hier die merkwürdig klaren Ansichten über Bewegung angeführt
werden, welche Cicero in der ersten Disputation auf seinem Land-
gute zu Tusculum, Cap. 23, entwickelt, der, wenn er auch selbst
kein grosser Philosoph, doch ein grosser Freund der Philosophie war.

*„Quod semper movetur, aeternum est. Quod autem motum
affert alicui, quodque ipsum agitatur aliunde, quando finem habet
motus, vivendi finem habeat, necesse est.“* (Was sich immer bewegt,
ist ewig; was aber an ein Anderes Bewegung mittheilt, oder selbst
von aussen getrieben wird, muss nothwendig, wenn die Bewegung
ein Ende hat, ein Ende mit seiner Thätigkeit nehmen). *„Solum
igitur quod se ipsum movet, quia nunquam deseritur a se, nunquam
moveri desinit.“* (Dasjenige also allein, was sich selbst bewegt,
wird, weil es nie von sich selbst verlassen wird, auch nie seine
Bewegung endigen.) Hier ist in der That die Unsterblichkeit der
Kraft auf das Bestimmteste ausgesprochen. *„Principii autem nulla
est origo, nam e principio oriuntur omnia; ipsum autem nulla ex
re nasci potest.“* (Der letzte Grund hat keinen Grund, weil er
sonst nicht der letzte wäre; er selbst kann nicht aus etwas Anderem hervorgegangen sein.) *„Quod si nunquam oritur, ne occidit
quidem nunquam.“* (Was nicht in der Zeit entstanden ist, kann
auch nicht in der Zeit vergehen.) *„Nam principium extinctum nec
ipsum ab alio renascetur, nec a se aliud creabit, si quidem necesse
est a principio oriri omnia.“* (Eine vernichtete Urkraft kann sich
selbst aus keinem Anderen wieder erzeugen, noch aus sich ein
Anderes hervorbringen.) *„Ita fit, ut motus principium ex eo sit,
quod ipsum a se movetur. Id autem nec nasci potest, nec mori: vel
concidat omne coelum omnisque terra consistat, nesesse est nec vim
ullam nanciscatur, qua a primo impulsa moveatur.“* (Hieraus folgt,
dass die Urkraft der Bewegung in demjenigen ist, was durch sich
selbst bewegt wird; ein solches kann aber weder entstehen, noch
vergehen [Princip der Erhaltung der Kraft]; es könnte der
ganze Himmel einstürzen und die ganze Erde stillstehen, ohne
je wieder jener Kraft theilhaftig zu werden, durch deren Stoss

sie von Anfang an in Bewegung gesetzt wurde.) Wenn man will, so kann man in diesen Stellen die ganze Lehre von der Unzerstörbarkeit der Bewegung finden, und dennoch lag ihnen nicht dieselbe Begründung unter, welche wir jetzt davon haben. Es ist fast zu vermuthen, dass Cicero diese Stelle von einem griechischen Autor herübergenommen habe.

Ich werde unten einen Aufsatz von mir aus dem Jahre 1837 mittheilen, in welchem die Einheit der Naturkräfte und das Princip der Erhaltung der Kraft auf das Bestimmteste ausgesprochen sind. Die betreffenden Stellen sind im Auszug folgende:

Baumgärtner's Zeitschrift für Physik, Bd. V. S. 420: „Die Ursache der Wärme wird einer Kraft beigemessen, welche die ponderabeln Stoffe in eine besondere Vibrationsbewegung versetzt, die unseren Sinnen als Wärme erscheint. Diese Kraft ist aber ihrer Natur nach durchaus nicht von der gemeinen mechanischen oder virtuellen Kraft verschieden." S. 424: „Von einer Kraft lässt sich ebenfalls Rechenschaft geben, wie von einem wägbaren Stoffe; man kann sie theilen, davon abziehen, dazu fügen, ohne dass die ursprünliche Kraft verloren ginge, oder sich in ihrer Quantität ändere." Sodann S. 442: „Ausser den bekannten 54 chemischen Elementen, (nämlich 1837) gibt es in der Natur der Dinge nur noch ein Agens, und dieses heisst Kraft; es kann unter den passenden Verhältnissen als Bewegung, chemische Affinität (! 1837), Cohäsion, Elektricität, Licht, Wärme und Magnetismus hervortreten, und aus jeder dieser Erscheinungen können die übrigen hervorgebracht werden. Dieselbe Kraft, welche den Hammer hebt, kann, wenn sie anders angewendet wird, jede der übrigen Erscheinungen hervorbringen."

Diese letzte Stelle ist von Akin in seiner History of force (Phil. Mag. 28, 474) citirt worden, und ich werde unten noch einmal auf diesen Gegenstand zurückkommen.

Entropie oder Rückkehr zum Gleichgewicht.

Clausius hat in einem populären Vortrag über den zweiten Hauptsatz der mechanischen Wärmetheorie bei der Versammlung

deutscher Naturforscher und Aerzte am 23. Sept. 1867 zu Frankfurt a. M. seine Ansichten ausführlich entwickelt, und obgleich
er sich sehr bemühte, vor einem grossen Publicum das Schwierige
mathematischer Discussionen zu vermeiden, so hat die ganze Darstellung an Durchsichtigkeit nicht gewonnen, indem der so einfache Satz der mechanischen Theorie der Wärme wieder in so
verschiedene Formen zerlegt ist, dass man glauben könnte, ebensoviel verschiedene Sätze vor sich zu haben. Die ganze mechanische Theorie der Wärme ist nur ein einzelner Fall von dem Gesetz der Erhaltung der Kraft, und nachdem dies Gesetz durch
J. R. Mayer in seiner grössten Allgemeinheit ausgesprochen war,
trat es sogleich in die Reihe der Vernunftschlüsse, die keines Beweises bedürfen und auch keines fähig sind, und die vorhandenen
und hinzugebrachten factischen Beweise sind nichts als Bestäti-
gungen der Grundanschauung. Wir sind gar nicht im Stande, den
Satz von der Unzerstörbarkeit der Kraft mit derjenigen Schärfe
nachzuweisen, welche seine absolute Wahrheit erfordert, und überall, wo uns im Versuche etwas Wärme fehlt oder zuviel erscheint,
sind wir mit Recht bereit, diese Abweichungen von dem reinen
Gesetz den Unvollkommenheiten der Messung und der unvermeid-
lichen Zerstreuung der Wärme und Bewegung zuzuschreiben. Dadurch wird aber der Satz selbst nicht im Geringsten alterirt.

Clausius hat nun in seinem Vortrage den gewöhnlichen Begriff Arbeit in das gleichbedeutende Wort „Werk" verändert,
dadurch aber nichts neues hinzugebracht, denn die Arbeit ist eben
das Werk. Unser deutsches Wort Werk stammt offenbar von
dem griechischen Worte ἔργον, welches mit dem Digamma aeoli-
cum „Wergon" heisst. Im Englischen ist der Vocal o in das Wort
work übergegangen, der sich aber auch schon in dem Verbum
ἔργω, ἔρδω, ῥέζω im Perfectum secundum ἔοργα vorfindet, und
daraus in das Wort Georgica übergegangen ist. So finden wir
auch wieder das Wort „Energie" in den bezüglichen Schriften,
was aber auch nichts anderes besagt, als das Wort Arbeit oder
Leistung. Viel verdienstlicher würde es gewesen sein, wenn Clausius den Begriff von Arbeit schärfer gefasst hätte; da dies aber
nicht geschehen ist, so versuche ich es nachzuholen. Arbeit
ist jede Wirkung einer Bewegung, worin letztere ihre
Natur verliert, und in einer gleich grossen Summe
einer anderen Bewegung auftritt. Die Verwandlung von
Wärme in Massenbewegung und umgekehrt sind nur zwei Fälle

dieser Art, welche aber den Begriff durchaus nicht erschöpfen. Clausius fasst diese beiden Sätze als den ersten Hauptsatz der mechanischen Theorie der Wärme zusammen, und trennt davon alle anderen Erscheinungen, wo Wärme nicht in Massenbewegung, sondern in Molecularbewegung übergeht, und fasst diese als den zweiten Hauptsatz der mechanischen Theorie der Wärme zusammen. Den ersten nennt er den Satz von der Aequivalenz von Wärme und Werk, und den zweiten Satz den Satz von der Aequivalenz der Verwandlungen. Diese Trennung ist aber ganz unberechtigt und eher verwirrend, denn die Umsetzung von Massenbewegung in Wärme und umgekehrt ist eben so sicher eine Verwandlung, als beim Schmelzen von Eis oder Vergasen von Wasser vor sich geht. Die in Wärme umgesetzte Massenbewegung hat aufgehört Wärme zu sein, und findet sich in einer der Summe nach gleichen, der Art nach aber vollkommen verschiedenen Grösse lebendiger Kraft und nicht mehr zu erkennen, vor. Es liegt also kein Grund vor, warum nicht auch der erste Hauptsatz der mechanischen Theorie der Wärme unter die Verwandlungen aufgenommen werden solle, so dass diese beiden sogenannten Hauptsätze in einen zusammenfallen, der dann selbst nichts ist als eine Anwendung des Gesetzes von der Erhaltung der Kraft.

Wenn wir uns auf einen noch allgemeineren Standpunkt stellen, so finden wir Hunderte solcher Verwandlungen ohne Verlust an Menge, die gar nicht unter die beiden Hauptsätze der mechanischen Theorie der Wärme fallen. Wenn sich z. B. 1 Thl. Wasserstoff mit 8 Thln. Sauerstoff verbindet, und dabei 34462 Wärmeeinheiten frei werden, so haben wir gar keine Massenbewegung in der Hand, können also den ersten Satz nicht anwenden, und die freiwerdende Wärme entsteht aus einer anderen vorläufig unbekannten Bewegung, aber sie verschwindet nicht wieder um eine Arbeit im Sinne des zweiten Hauptsatzes zu leisten und wir können diesen ebenfalls nicht heranziehen. Die Einseitigkeit der Ansicht von Clausius liegt darin, dass ihm die chemische Bewegung der Molecüle als eine andere Form der Bewegung nicht bekannt war. Clausius führt die allgemeine Eigenschaft der Wärme, die Körper auszudehnen, zu schmelzen, zu vergasen als Disgregation ein. Diese ist ihm ganz richtig als Ausdehnung, Schmelzung und Verdampfung eine Arbeit der Wärme, und hier wäre nöthig gewesen, den Begriff der Verwandlung bestimmter aufzustellen, denn in dem geschmolzenen Eise befindet sich die Wärme nicht mehr als solche, sondern als Beweglichkeit der Molecüle, als Qualität, als Affinität. Folgerichtig wäre er dann zu dem Schlusse gekommen, dass die sogenannte latente Wärme im Wasser und im Dampfe gar keine Wärme mehr ist, so wie sie auch durch das Gefühl und das Thermometer nicht mehr angezeigt wird. In den permanenten Gasen (Wasserstoff und Sauerstoff) nennt Niemand den Gaszustand latente Wärme, und der Unterschied dieses gegen Wasserdampf liegt doch nur in der Temperatur, wobei diese Bewegung des Gases als gemeine Wärme austritt. Die chemische Arbeit der Wärme ist allerdings von der mechanischen der Art nach verschieden, aber unter den Begriff des Aequivalentes der Verwandlungen fallen sie beide. Wenn man also diesen Satz, wie Clausius thut, so ausdrückt, dass bei jedem complicirten Processe die algebraische Summe der Verwandlungen gleich Null ist, so ist das nur eine andere Form des Ausdrucks für das Gesetz der Erhaltung der Kraft. Setzt man die Arbeit einer Bewegung mit negativem Vorzeichen, so ist die Summe aller Verwandlungen gleich Null; setzt man sie aber mit positivem Zeichen und in äquivalenten Grössen beider Bewegungen ausgedrückt, so kann man eben so gut sagen, dass die Summe aller Bewegungen vor und nach einem Processe der Umwandlung gleich bleibt, und das ist dann wieder das allgemeine Gesetz von der Erhaltung der Kraft. Durch diese Umformungen wird an Deutlichkeit nichts gewonnen, an Uebersichtlichkeit aber verloren, weil man leicht zu der Meinung gelangt, dass hier neue Sätze ausgesprochen wären.

Clausius bedauert, dass er diese Sätze vor der Versammlung nicht mathematisch beweisen dürfe. Ich kann dies Bedauern nicht theilen, denn diese Sätze werden nicht mathematisch, sondern logisch bewiesen. Die Formel ist nichts als der mathematische Ausdruck eines bereits im Geiste klar erkannten Zusammenhangs der Erscheinungen. Was man aus der Formel herausrechnet, steckt schon darin und ist keine Entdeckung des Mathematikers. Ist der erste Ansatz falsch, so werden auch die Schlüsse falsch. Die alten Mathematiker, welche nicht die Erleichterung der algebraischen Darstellung, der Logarithmen, des Differentialcalculs hatten, mussten alle ihre Schlüsse im Geiste fertig machen; selbst der Mangel des arabischen Zahlensystems war für sie ein ungeheures Hinderniss. Dass wir mit allen diesen Erleichterungen der mathematischen Operationen aus einer gegebenen Gleichung schneller und sicherer eine Summe von Beziehungen herausfinden, vermindert nur das geistige Verdienst unserer Arbeiten, aber nicht den praktischen Werth der Resultate. Die Mathematik hat nur die eine Aufgabe, aus gegebenen Bedingungen die unbekannte Grösse herauszuschälen. Sie macht nicht den Ansatz, sondern sie entwickelt ihn nur. Den Ansatz macht der Naturforscher, und eben so sicher als die erste Gleichung richtig ist, sind es auch die daraus gezogenen Schlüsse und Entwicklungen. Nicht selten schreibt man das auf Rechnung der Mathematik, was nur eine Arbeit des Denkers ist. J. R. Mayer hat mit einem sehr geringen Aufwand von mathematischer Entwicklung das Gesetz der Erhaltung der Kraft durch die blosse Kraft des Denkens aufgestellt, und die nachherigen Arbeiten der Analytiker haben seinem Satze keinen neuen Beweis hinzugefügt, sondern nur der Ansicht Vorschub geleistet, dass Sätze, welche eine Folge richtigen Denkens waren, durch die Kunstgriffe mathematischer Behandlung errungen worden seien. Die blosse Mathematik kann keine Entdeckungen in der Naturforschung machen; sie kann aber die geistigen Combinationen des Naturforschers in einer Formel ausdrücken und daraus auf mechanischem Wege neue Beziehungen herausfinden. Die Gesetze des freien Falles sind auf diese Weise erst geistig entdeckt und dann mathematisch ausgedrückt, man darf nicht einmal sagen begründet, worden. Der erste Hauptsatz, dass die Geschwindigkeit wie die Zeit wachse, ist eine nothwendige Folge des Satzes, dass eine Bewegung ewig bleibt, und dass die einzelnen Anstösse der Schwere auf den fallenden Körper mit der Zeit proportional zunehmen müssen. Es lässt sich dieser Satz gar nicht beweisen, sondern er ist per se richtig und die Grundlage jeder ferneren Entwicklung. Wirkt also eine Kraft beständig ein, so ist der einfachste Ausdruck des Gesetzes $c = t$. Führen wir hier nun die Einheit der Zeit mit 1 Secunde ein, und die Beschleunigung durch die Erdschwere als g oder die Endgeschwindigkeit der ersten Secunde ein, so nimmt er die bekannte Gestalt an $c = gt$.

Durch ähnliche Schlüsse ergab sich, dass die Endgeschwindigkeit der ersten Secunde doppelt so gross ist, als der in der ersten Secunde durchlaufene Raum; denn wenn die Bewegung mit 0 Geschwindigkeit anfing und mit der Geschwindigkeit g endigte, so musste der durchlaufene Raum genau die Hälfte der Endgeschwindigkeit der ersten Secunde sein; er ist also für eine Secunde

$s = \frac{g}{2}$. Fährt man in dieser Weise fort, so findet sich der zweite Hauptsatz, dass der Fallraum für eine Zeit t gleich ist dem Fallraum der ersten Secunde multiplicirt mit dem Quadrat der Zeit, oder $s = \frac{g}{2} \cdot t^2$ und so weiter.

Ganz dieselbe Bewandtniss hat es mit der analytischen Behandlung der Grundgleichungen. Aus $c = gt$ entsteht $\frac{dc}{dt} = g$. Das heisst nichts anderes, als der Differentialquotient von Geschwindigkeit und Zeit ist eine constante Grösse, sie haben immer dasselbe Verhältniss zu einander, oder sie stehen im geraden Verhältniss. Das ist aber gerade der Satz, den man zuerst geistig in die Urgleichung hineingelegt hatte. Rückwärts ist nun $c = \int g\,dt$, was auch wieder nichts anderes ist als $c = gt$.

Von t ausgehend hat man $\frac{dt}{dc} = \frac{1}{g}$; das ist nun wieder eine Constante, aber der umgekehrte Werth von oben, weil auch der Bruch umgekehrt worden ist; daraus wird $dt = \frac{dc}{g}$ und $t = \int \frac{dc}{g}$, und da nun c das Integral von dc ist, und g als Constante keine Veränderung erleidet, so gibt die Integration von $\int \frac{dc}{g}$ $t = \frac{c}{g}$, was aber auch schon in der Urgleichung steckte.

Aus der Raum- und Zeitgleichung $s = \frac{gt^2}{2}$ folgt $\frac{ds}{dt} = 2t^{2-1} \cdot \frac{g}{2}$ $= tg$, also $ds = dt \cdot tg$, und daraus $s = \int tg \cdot dt$, aus der Raum- und Geschwindigkeitsgleichung $s = \frac{c^2}{2g}$ folgt ganz ähnlich $ds = \frac{c\,dc}{g}$ und $s = \int \frac{c\,dc}{g}$ und auch hier entsteht durch die Integration die erste Gleichung wieder. Man hat durch alle diese Ableitungen und Wiederherstellungen nichts neues gelernt, keine neue Wahrheit gefunden, was auch unmöglich ist. Wenn uns die Natur die Gleichung gäbe, wie sie uns das Resultat des Versuches gibt, so könnte man versuchen, an der Formel eine Entdeckung zu machen. Ein fallender Apfel, eine schwingende Lampe haben die Veranlassung zur Ermittlung der Gesetze des freien Falles und der Pendelbewegung gegeben. Die Gesetze wurden durch geistige Operationen entdeckt und waren fertig im

Geiste des Entdeckers, ehe ihnen das mathematische Kleid umgelegt wurde. Aus den Formeln können wieder die Gesetze abgeleitet werden, weil sie hineingelegt sind, aber die Gesetze wurden nicht an den Formeln entdeckt, weil man diese nicht eher aufstellen konnte, bis man die Gesetze geistig entwickelt hatte. Es ist deshalb auch eine Ueberschätzung der Mathematik, wenn Clausius glaubt, dass durch die Anwendung des zweiten Hauptsatzes der Wärmelehre, nämlich jenes von der Aequivalenz der Verwandlungen, eine Reihe wichtiger Resultate, wie die Bestimmung des Volums gesättigter Dämpfe, die Bestimmung der Menge des Dampfes, welche sich niederschlägt, wenn gesättigter Dampf sich in einer für Wärme undurchdringlichen Hülle ausdehnt, die Umgestaltung der Dampfmaschinenlehre und anderes gewonnen worden sei. Allen diesen Dingen liegen experimentale Untersuchungen zu Grunde, und für die Hauptbeziehung zwischen Dampfspannung und Temperatur haben wir noch keine Erklärung, sondern nur Tafeln, die durch das Experiment festgestellt sind, und die Dampfspannungstabellen gehen in alle Fragen über Dichtigkeit und Sättigung von Dämpfen ein. Selbst die Dampfmaschinenlehre hat noch keinen praktischen Erfolg von der Wissenschaft geerntet. Hohe Spannung hatte man schon angewendet, ehe man wusste, dass in dem austretenden Dampfe der arbeitenden Maschine weniger Wärme enthalten sei, als in dem der leer gehenden. Der erste Mathematiker, der sich dieser Sache annahm, Carnot, hat sogar den Satz ausgesprochen, dass die austretende Wärme in beiden Fällen gleich sei. Erst Mayer hat es ausgesprochen, dass ein Aequivalent der erzeugten Bewegung an Wärme in dem austretenden Dampfe der arbeitenden Dampfmaschine fehlen müsse, und trotzdem dass wir das alle glauben und wissen, kann man an einer wirklichen Dampfmaschine dieses Deficit experimental nicht nachweisen, und es ist auch nicht mathematisch entdeckt worden. Der Satz von der Erhaltung der Kraft, welcher die mechanische Theorie der Wärme, die Aequivalenz der Verwandlungen, die mechanische Theorie der Affinität und überhaupt die ganze Physik einschliesst, sagt nichts anderes, als dass die Wirkung gleich der Ursache sei; er ist ein reiner Vernunftsatz, und kann deswegen auch eben so wenig bewiesen werden, als dass 3 und 1 4 macht. Bei dieser Einfachheit des Grundgedankens findet die höhere Mathematik gar keine Veranlassung zu Entdeckungen, und die Beziehungen sind so einfach, dass sie immer durch Addition und

Subtraction ausgedrückt werden können. Wird nicht die ganze
Bewegung in eine neue Bewegung umgesetzt, so ist der Rest +
dem umgesetzten Theile = der ursprünglichen Bewegung, und
alle Anwendung der höheren Analyse hat sich als ganz unfrucht-
bar und überflüssig erwiesen, und es ist dadurch auch nicht ein
Punkt entdeckt worden, der nicht durch Gedankenoperationen aus
dem Satz der Gleichheit von Ursache und Wirkung abgeleitet
werden konnte.

Dampfmaschinen werden heute noch nach dem System Watt's
gebaut, und ihre Vorzüge gegen ältere bestehen lediglich in der
exacteren Arbeit und in besseren Feuervorrichtungen, aber nicht
in Benutzung von Sätzen, die durch Mathematik gefunden worden wären.

Es tritt uns hier eine Thatsache als höchst wichtig entgegen,
welche Clausius in diesem Sinne nicht hervorgehoben hat. Die
natürliche und vollständige Verwandlung einer jeden Bewegung
ist die in Wärme, dagegen die umgekehrte höchst unvollständig.
Massenbewegung wird durch den Stoss unelastischer Körper vollkommen in Wärme umgesetzt, und erstere verschwindet; wollen
wir dagegen Wärme in Massenbewegung umsetzen, so müssen wir
uns bei der Dampfmaschine mit $2\frac{1}{2}$ Proc. begnügen und $97\frac{1}{2}$ Proc.
Wärme unverändert und ohne Arbeit geleistet zu haben entweichen
lassen. Licht verschwindet als Wärme; der elektrische Strom löst
sich in jedem Augenblick nach seinem Entstehen vollkommen in
Wärme auf; dagegen erhalten wir aus viel Wärme nur ein Minimum von Licht, und in der Thermosäule ein ganz unnennbar
kleines Minimum von elektrischem Strom, der aber im folgenden
Augenblick sich wieder in Wärme umsetzt. Bei der chemischen
Bewegung steht es etwas günstiger, denn bei der Verbrennung
wird ein grosser Theil der in den Bestandtheilen als Affinität
vorhandenen Bewegung in Wärme umgesetzt, und nur ein kleinerer
Theil bleibt in dem Verbrennungsproduct als Molecularbewegung
(chemische Eigenschaft, aber nicht Wärme) zurück. Der natürliche Kreislauf jeder Bewegung geht demnach in Wärme über und
jede löst sich vollständig in Wärme auf. Die Wiederherstellung der
Massenbewegung auf Kosten von Wärme, und der chemischen
Differenz auf Kosten von Licht und Wärme geschieht auf der Erde
durch die Ausdehnung von Luft, Verdunstung von Wasser und
durch die Zersetzung der Kohlensäure in der Pflanze. Es ist in der
That auffallend, dass Clausius, welcher sich soviel mit der Wärme

als bewegender Kraft beschäftigt hat, nicht näher auf die Bedingung eingegangen ist, wodurch überhaupt Wärme als Bewegung auftreten kann. Diese Bedingung ist die Ausdehnung der Körper durch Wärme, welche an sich schon eine Raumveränderung, also Bewegung ist, und durch Aufnahme in bewegliche Wände, in den Kolben, als gemeine Massenbewegung erscheint. Diese Erklärung ist sehr einfach und einleuchtend, wenn sie einmal ausgesprochen ist; sie existirt aber nicht ehe sie ausgesprochen ist.

Wenn wir nun sehen, dass auf unserer Erde zuletzt alle Bewegungen in Wärme auslaufen, dass dann aber wieder durch natürliche Vorgänge, die Ausdehnung der Luft, Verdunstung des Wassers und das Wachsen der Pflanzen, Wärme in Massenbewegung übergeht oder als chemische Differenz in den Pflanzen niedergelegt wird, welche erste wir direct als Wind und fliessendes Wasser benutzen können, die letztere aber als eine Wärmequelle, aus der wir mit grossem Verluste an Wärme wieder Massenbewegung in der Dampfmaschine herstellen können, so liegt gar kein Grund vor, die von Clausius befürchtete Entropie der Welt, oder Ausgleichung aller Bewegung als gleichschwebende Wärme in Aussicht zu nehmen. Wir finden vielmehr, dass wir die vorhandenen Quellen gar nicht ausnutzen, und dass diese Massenbewegungen in Stürmen, Hagel, Wasserfluthen, Gletschern, Erdbeben und Vulcanen einen ungeheuren Ueberfluss bekunden.

Obgleich Clausius ganz richtig die Summe der Bewegung, welche in der Welt vorhanden ist, als eine unveränderliche Grösse betrachtet, so will er doch nicht so weit gehen anzunehmen, dass nun der ganze Zustand des Weltalls unveränderlich und im ewigen Kreislauf begriffen sein soll. Nach ihm soll der zweite Hauptsatz der mechanischen Wärmelehre dieser Ansicht auf das Bestimmteste widersprechen. Denn da nach vielen Erfahrungen die Umsetzungen anderer Bewegungen in Wärme vollständiger vor sich gehen und häufiger vorkommen als die Umsetzungen von Wärme in die anderen Bewegungsformen, so fürchtet er, dass das Werk, welches die Naturkräfte thun können, und welches in den vorhandenen Bewegungen der Weltkörper enthalten ist, sich allmälig mehr und mehr in Wärme verwandeln werde, und dass sich diese Wärme immer mehr ausgleichen werde, wodurch dann ein Zustand des Gleichgewichts, der Ruhe, der todten Beharrung und Erstarrung eintreten werde, welchen er Entropie nennt und als einen muth-

Entropie ist nicht.   43

maasslichen Ausgang nach den Resultaten der Wissenschaft in Aussicht stellt. Er drückt dies in dem allgemeinen Satze aus: Die Entropie der Welt strebt einem Maximum zu.

Zu diesem Resultate liegt kein Grund vor, vielmehr kann man mit Bestimmtheit behaupten, dass das Maximum der Entropie bereits seit unendlicher Zeit erreicht ist. Im Weltgebäude selbst sehen wir keinen Fall, wo Massenbewegung (und eine andere kennen wir ausser Wärme und Licht nicht im Weltall) in Wärme umgesetzt wird; wir müssen also auf unsere Erde zurückgehen. Auch diese steht in Bezug auf Wärme mit der Sonne bereits im Gleichgewicht: die Pole starren ewig von Eis und der tropische Gürtel liegt unter den senkrechten Strahlen der Sonne. Weder Kälte noch Wärme nehmen zu oder ab, so lange die Intensität der Sonne und die Entfernung von dieser ungeändert bleibt. Alle mechanische Bewegung löst sich im Kleinen in Wärme auf und verfliegt ins Weltall, und eine gleiche Menge Wärme von der Sonne kommend setzt sich in Wind und fliessendes Wasser und chemische Differenz um. Es ist kein Grund vorhanden zu glauben, dass dieser Zustand nicht ewig dauern könne, so lange die Sonne leuchtet. Wir richten also an die Sonne die Frage, ob sie ewig leuchten könne und müsse. Wenn die auf der Sonne befindliche Summe von Wärme abnehmen soll, so muss sie auf andere Weltkörper übertragen werden. Die sie umkreisenden Planeten können, wie wir an der Erde sehen, nichts mehr von ihr aufnehmen, was sie nicht in der folgenden Nacht wieder verlieren sollten. Zudem ist ihre Masse so unendlich klein und die in den Weltraum neben ihnen vorbeifliegenden Wärmestrahlen so unendlich gross, dass von einer Zunahme der Planeten an Wärme, die aber gar nicht stattfindet, eine Abnahme der Sonne nicht eintreten kann. An die anderen Fixsterne kann aber die Sonne selbst nichts verlieren, denn diese sind der Sonne gleich zu achten. Wo soll nun aber die Wärme hinkommen, da sie doch nicht aus der Welt heraus kann, und die Grösse des Weltalls auch aus dem Gesetze der Gravitation eine unendliche sein muss. Wenn nun der leere Raum des Weltalls, oder wenn man will, der mit verdünnter Luft oder Aether gefüllte Raum bereits längst diejenige Menge Wärme aufgenommen hat, die er überhaupt aufnehmen kann, so können die von den Sonnen ausgehenden Strahlen nur wieder auf andere Sonnen fallen, und jede Sonne muss im ewigen Gleichgewichte so viel Wärme empfangen als sie ausstrahlt. Will man mit der Zeit

eine Abnahme der Sonnen an Wärme voraussetzen, so muss man
erst nachweisen, wo diese Wärme hinkommen soll, da sie nicht
verschwinden kann; andererseits setzt jede Abnahme in der Zeit
eine Entstehung des Weltalls in der Zeit voraus, gegen welche
die Natur der Materie und der Kraft, als unvergängliche Objecte,
streitet, und gibt man die Existenz der Welt ohne Anfang zu, so
ist nicht einzusehen, warum seit der unendlichen Zeit ihres Bestehens alle Veränderungen und Ausgleichungen nicht sollten
stattgefunden haben, die überhaupt im Laufe der Zeiten eintreten
können.

Es ist also klar, dass die Annahme des Bestehens der Welt
ohne Anfang jede befürchtete Entropie oder Rückkehr zum Zustand des Gleichgewichts vollkommen ausschliesst. Clausius
glaubt nun zwar, dass der gegenwärtige Zustand der Welt noch
sehr weit von diesem Grenzzustande entfernt sei, und wenn auch
die Annäherung an denselben so langsam geschehe, dass alle hi-
storische Zeiten nur Spannen seien im Vergleich zu den ungeheuren
Zeiten, welche die Welt zu geringen Umgestaltungen bedürfe,
so bliebe es immerhin ein wichtiges Ereigniss, dass ein Naturgesetz aufgefunden sei, welches mit Sicherheit schliessen lasse, dass
in der Welt nicht alles Kreislauf sei, sondern dass sie ihren Zustand fort und fort in einem gewissen Sinne ändere und so zu
einem Grenzzustande strebe. Ein solches Naturgesetz ist aber
nicht gefunden, und beruht nur auf der falschen Schätzung zwischen Umsetzung anderer Bewegungen in Wärme und dieser in
die übrigen Formen der Bewegung. Besteht aber die Welt seit
Ewigkeit her, so kann mit der Zeit nichts mehr in ihr vor-
gehen, was durch die Zeit allein bedingt ist, denn sie hat dann
jede nur denkbare Zeitgrösse bestanden. Weil die Entropie seit
Ewigkeit noch nicht eingetreten ist, so kann sie auch in Zukunft
nicht eintreten.

Zurückführung der Bewegungen auf absolutes Maass.

Von den fünf Bewegungen, die oben angeführt sind, können
nur zwei gemessen werden, nämlich Massenbewegung und Wärme.
Die Massenbewegung wird gemessen durch Hebung eines Ge-

wichtes auf eine bestimmte Höhe und in Fusspfunden oder Kilogrammometern ausgedrückt. Es wird in der Physik nachgewiesen, wie das geschieht. Das eigentliche Maass ist also die Schwerkraft der Erde in Verbindung mit dem Raum; dasselbe Resultat giebt auch die Geschwindigkeit des bewegten Körpers nach der Formel $s = \dfrac{c^2}{2g}$.

Die Wärme wird gemessen durch Wärmeeinheiten, d. h. durch diejenige Menge Wärme, welche 1 Gramm oder 1 Pfund oder 1 Kilogramm Wasser um 1° C. erwärmt, und es muss in einem einzelnen Falle dasjenige Gewicht Wasser angezeigt werden, welches man als Einheit gewählt hat. Man hat das Wasser aus demselben Grunde gewählt, aus dem man es zur Einheit des specifischen und absoluten Gewichtes, der Brechungsexponenten und anderer physikalischen Grössen vorgezogen hat. Man könnte sich auch jedes anderen flüssigen Körpers, z. B. des Quecksilbers, bedienen, aber dann immer desselben.

Die Einheiten dieser beiden Bewegungen sind also: 1 Kilogramm Gewicht auf ein Meter Höhe gehoben und 1 Kilogramm Wasser um 1° Centesimal erwärmt.

Diese beiden Einheiten sind durch das mechanische Aequivalent der Wärme, oder das thermische Aequivalent der Bewegung in Beziehung gebracht, und die wirklichen Grössen sind durch Joule und Andere ermittelt worden. Die einzelnen Resultate stimmen nur ziemlich untereinander überein, weil die Wärme als eine alle Körper durchdringende Bewegung sehr schwierig gegen Verluste geschützt werden kann.

Danach ist 1) 1 Wärmeeinheit =   440 Kilogrammometer

oder 2) 1   „   = 1400 Fusspfund.

Die erste Gleichung besagt, dass diejenige Menge Wärme, welche 1 Kilogramm Wasser um 1° C. erwärmt, an Bewegung gleich ist der Hebung von 440 Kilogramm auf 1 Meter Höhe; und die zweite Gleichung, dass diejenige Menge Wärme, welche 1 Pfund Wasser von 500 Gramm um 1° C. erwärmt, gleich ist der Hebung von 1400 Pfund auf die Höhe von 1 Preuss. Fuss. Beide Gleichungen sind identisch, indem darin Kilogramm und Pfund, Meter und Preuss. Fuss in ihrem wirklichen Verhältniss in Berechnung gebracht sind.

Wenn 440 Kilogramm 1 Meter hoch fallen, oder wenn 1400 Pfund 1 Fuss hoch fallen, so entwickeln sie beide so viel Wärme, um 1-Kilogramm, resp. 1 Pfund, Wasser um 1° C. zu erwärmen;

man kann aber nicht umgekehrt sagen, dass man mit dieser Wärme 440 Kilogramm auf 1 Meter resp. 1400 Pfund auf 1 Fuss Höhe heben könne, weil es nicht möglich ist alle Wärme in Massenbewegung umzusetzen. Man würde aber diese Hebung ausführen können, wenn man alle Wärme in Massenbewegung umsetzen könnte. Da aber der natürliche Verlauf aller Bewegungsänderungen nach der Wärme hinneigt, so kann man Massenbewegung vollständig in Wärme, aber nicht umgekehrt, umsetzen.

Die drei übrigen Bewegungen, Licht, Electricität und chemische Bewegung, können nur in Wärme umgesetzt werden, und dann als Wärmeeinheiten gemessen werden. Die Verwandlung von Licht und Electricität in Wärme ist vollständig, die von chemischer Bewegung unvollständig.

Absolutes Maass für Licht.

Das Licht setzt sich auf dem beleuchteten Körper immer in Wärme um. Ein Theil strahlt noch einmal zurück und macht den beleuchteten Körper sichtbar, aber sobald die Lichtquelle erlischt, ist auch der Körper (mit Ausnahme der Phosphorescenzen) unsichtbar. Licht und Wärmestrahlen werden von denselben Körpern auf der Oberfläche reflectirt oder absorbirt, beim Durchgang zeigen sie jedoch grosse Verschiedenheiten. Alles Licht muss beim Verschwinden in Wärme übergehen.

Im natürlichen Sonnenstrahl ist eine gewisse Menge lebendiger Kraft oder Bewegung vorhanden. Wird dieser durch ein Prisma gebrochen, so wird das Spectrum viel grösser an Ausdehnung als der natürliche Strahl war. Rechnet man dazu die unsichtbaren warmen Zonen jenseits des Roth und die unsichtbaren chemischen jenseits des Violett, so muss die Summe der Bewegung an jeder Stelle des Spectrums sehr vermindert erscheinen gegen den reinen Strahl und zwar im Mittel um ebensoviel, als das Spectrum den Querschnitt des zugelassenen Sonnenstrahls übertrifft. Diese Verminderung der Intensität der Bewegung kann nun an der Schwingungszahl und an der Weite der Schwingungen geschehen, und zwar ungleichmässig über die verchiedenen hellen und dunklen Theile des Spectrums, so dass dadurch die einzelnen Farben und Zonen entstehen. Wird das ganze Spectrum wieder gesammelt und von einer Linse auf einen kleinen Punkt concentrirt, so entsteht wieder das weisse Licht, weil die ganze Summe der Bewegung wieder in denselben kleinen Raum zusammengedrängt ist. Das Spectrum beruht nothwendig auf einer Ausbreitung des Raumes, und die Wiederherstellung des weissen Lichtes auf einer Concentration. Man kann deshalb auch nicht sagen, dass im weissen Lichte alle Farben enthalten sind, sondern sie können durch Veränderung resp. Verminderung der Schwingungsdauer und Schwingungsamplitude daraus entstehen, gebildet werden. Wenn man nach Münchow's Vorschlag das Spectrum sich zitternd bewegen lässt, so entsteht wieder Weiss, allein ein eben so geschwächtes Weiss, als wenn einfach der Sonnenstrahl auf die ganze Breite des Spectrums sich ohne Brechung vertheilte und noch um diejenige Menge Bewegung verkürzt, die auf beiden Seiten des Spectrums als dunkel erscheint. Wenn man durch rasche Bewegung complementärer Farben auf Papier (Farbenkreisel) die Farben verschwinden macht und ohne Concentrirung in einem engeren Raume Weiss erzeugt, so erscheint dasselbe immer getrübt, d. h. wenig Weiss über eine grosse Fläche verbreitet.

Im Spectrum des Sonnenlichtes liegen drei Spectra neben und übereinander, nämlich das Wärmespectrum, das Lichtspectrum und das chemische. Das Wärmespectrum ist am wenigsten gebrochen, das chemische am meisten, das Lichtspectrum liegt in der Mitte, so dass es am rothen Ende von dem Wärmespectrum, am violetten Ende von dem chemischen zum Theil gedeckt und überragt wird. Das Wärmespectrum erkennen wir durch seine Wärmewirkung auf geschwärzte Körper, das Differentialthermometer oder die Thermosäule; das Lichtspectrum erkennen wir durch das Auge, das chemische Spectrum durch seine Wirkung auf Chlorsilber oder andere gegen dasselbe empfindliche Körper.

Von der objectiven Existenz dieser Spectra können wir uns keine Sicherheit verschaffen, da wir ihre Wirkung nur durch unsere Sinne wahrnehmen. Eine Farbe ist die Wirkung einer Bewegung auf unseren Sehnerv. Wären alle Menschen blind, so wüssten sie nichts von Farben und diese Begriffe würden in ihrem Geiste und die Worte in ihrer Sprache fehlen. Einzelne Menschen sind für gewisse Farben unempfindlich; einige können roth nicht sehen, andere können blau und grün nicht unterscheiden. Einen Menschen, welcher roth nicht wahrnimmt, kann man auf keine Weise einen

Begriff davon beibringen, was ein gesunder Mensch unter roth
versteht. Für ihn existirt das Wort und der Begriff nicht. Bei
künstlichem Lichte können die meisten Menschen grün und blau
nicht unterscheiden. Müssten wir immer bei künstlichem Lichte
sehen, oder hätte das Sonnenlicht die Eigenschaft des künstlichen
Lichtes, so würden wir für die beiden Farben grün und blau nur
ein Wort haben. Die Farbe ist also an sich nichts Objectives,
sondern etwas, was von der Art der Beleuchtung und der Natur
des Sehorgans abhängt. Hätten unsere Augen eine andere Beschaffenheit in Substanz und Form, so würden wir möglicher
Weise auch die Wärmestrahlen oder die chemischen Strahlen sehen
können. Eine durch zunehmende Erhitzung ins Glühen ge-
rathende Eisenstange erscheint bei dem ersten Anfange des Glühens
dem einen noch dunkel, dem anderen schon leuchtend. Das Auge
des letzteren lässt also Wärmestrahlen als Licht erscheinen, die
dem ersten noch unsichtbar sind. Das Object ist für beide dasselbe; das Licht ist also nichts Objectives, sondern etwas Subjecti-
ves. Ueber das Roth hinaus sehen wir kein Licht mehr; wäre
unser Auge eine Thermosäule, so würden wir die Wärmestrahlen
sehen, und wäre Chlorsilber in unserem Sehnerv, so würden wir
auch die ~~violetten über~~ chemischen Strahlen wahrnehmen. Der elektrische Strom erregt eine Erschütterung in unseren Nerven; es ist
dies keine objective Eigenschaft des Stromes allein, sondern die
Erscheinung ist eine Wechselwirkung zwischen jener Bewegung,
die wir elektrischen Strom nennen, und unserem Nervenapparat;
ohne diesen würde die Erschütterung nicht existiren, oder wie im
Kupferdraht nicht wahrgenommen werden. Wir sind in allen
Fällen gewohnt, jede Wahrnehmung durch unsere Sinne als etwas
Objectives anzusehen; in diesem Sinne sprechen wir von Ton. Ein
Taubgeborener hat keinen Begriff von Ton; Beethoven dichtete
seine herrlichsten Tonschöpfungen im Zustande vollkommener Taub-
heit; er hatte den Begriff von Ton, Harmonie, Melodie von jener
Zeit her, wo er noch nicht taub war. Die Stelle seines Gehör-
organs war durch eine knochenartige Concretion von phosphor-
saurem Kalk erfüllt. Luftschwingungen, die unter eine gewisse
Zahl in der Secunde gehen, erscheinen uns nicht als Ton; nimmt
die Zahl langsam zu, so erkennen wir den tiefsten hörbaren Ton,
an dem wir aber die einzelnen Luftstösse noch wahrnehmen; nun
ändert sich doch in den Schwingungen des tongebenden Körpers
nichts anderes als die Zahl seiner Schwingungen, und wir kommen

hier zu dem bestimmten Schlusse, dass der Ton nichts Objectives
ist, sondern nur eine Luftbewegung mit wechselnder Verdichtung
und Verdünnung, und dass der Grund des Hörens nicht im Tone,
sondern in unseren Gehörnerven liegt, und auch hier findet, wie
bei den Wärmestrahlen, derselbe Fall statt, dass Einige schon bei
einer Anzahl Schwingungen eine Tonhöhe wahrnehmen, die einem
Anderen nur ein unbestimmtes Geräusch ist. Von diesen Ansichten
ausgehend müssen wir alle Erscheinungen im Sonnenspectrum als
Wechselwirkung unserer Sinne mit einer auf dieselben eindringen-
den Bewegung ansehen.

Das Licht ist eine Bewegung und zwar eine strahlende. Durch
die geradlinige Fortpflanzung wird es an sich weder vermehrt noch
vermindert. Jedes Molecül wägbarer Substanz, welches die Lichtbewegung annimmt, gibt sie unvermindert an das nächst austretende Molecül ab, nach den Gesetzen des Stosses elastischer Körper. Der stossende Körper kommt zu vollkommener Ruhe, und
der gestossene hat die ganze Bewegung aufgenommen. Sobald
der Lichtstrahl aufgefangen und in seiner Bewegung gehemmt
wird, geht er in gemeine Wärme über, und diese pflanzt sich nun
durch Leitung und Strahlung wieder fort. Das Licht besteht
also nur, so lange es strahlt, und verwandelt sich, wie alle Bewegungen, in Wärme, welche als solche fortfährt zu bestehen.
Das sichtbare Licht verwandelt sich in unserem Auge in Wärme.
Durch die Ausstrahlung verliert der leuchtende Körper in jedem Augenblick an Bewegung, und es muss ihm diese Bewegung
von aussen ersetzt werden, wie den leuchtenden Sonnen im Weltraum, oder es muss in jedem Augenblick neue Bewegung durch
einen chemischen Vorgang frei gemacht werden, wie in unseren
Lampen.

Das Licht und die Wärme des brennenden Gases, der Stea-
rinsäure, des Erdöls, entpringt aus der verlorenen Spannung des
Sauerstoffs gegen die mindere Spannung der neu gebildeten Kohlensäure. Es folgt daraus, dass jede Strahlung, als eine Bewegung,
nur in Wärme umgesetzt werden kann, und kein Theil des Spectrums, weder der dunkle noch der helle, kann ohne Wärmewirkung
sein. Wenn wir nun im violetten Strahl wenig und in den jenseits des violetten Lichtes befindlichen dunklen Strahlen des chemischen Spectrums keine Wärme mehr wahrnehmen, so ist dies
nur der Unempfindlichkeit unserer Instrumente, selbst der Thermosäule, gegen diese kleine Menge freiwerdender Wärme zuzuschrei-

ben.   Eine Bewegung kann aber niemals, ohne in eine andere
überzugehen, verschwinden. Durch die Thermosäule wurden Wärmestrahlen auch in ferneren Zonen des dunklen Wärmespectrums
entdeckt, wo das geschwärzte Differentialthermometer keine Wärme
mehr anzeigte; sie waren aber dennoch vorhanden und müssen
ebenso in dem dunkeln chemisch wirkenden Theile jenseits des
violetten Lichtes vorhanden sein, wenn die Thermosäule sie auch
nicht anzeigt.

Die messenden Versuche von J. Müller (Pogg. 105, 337)
haben ergeben, was als Thatsache schon bekannt war, dass im
Spectrum des Steinsalzprismas die grösste Wärmewirkung im
dunkeln Theile des Spectrums jenseits des Roth liegt, und zwar
bei seinem Spectrum von 18^{mm} ($= 8'''$) Länge 3 Linien im Dunkeln;
im Roth war die Wärmewirkung noch sehr bedeutend und am
violetten Ende noch wahrnehmbar. Es ist nun die Wärmewirkung
beim Verschwinden eines Strahls auf einer berussten Fläche das
volle Maass der lebendigen Kraft oder Bewegung, welches darin
vorhanden war, und wir ziehen daraus den einfachen Schluss, dass
durch das Spectrum der bei weitem grösste Theil der Bewegung
nach dem rothen Ende und darüber hinausgeworfen werde.

Die Summe von lebendiger Kraft bei einer Schwingung wird
aber gebildet durch zwei Grössen: durch die Anzahl der Schwingungen und durch die Grösse der Bewegung aus der Gleichgewichtslinie
oder die Amplitude der Schwingung. Beide Grössen verschwinden
zusammen als eine gemeinschaftliche, die wir Wärme nennen und,
wo es angeht, in Wärmeeinheiten, sonst aber in einer anderen
Zahlengrösse, hier in dem Ausschlagswinkel der Bussole oder einer
Function desselben messen. Es ist aber die Grösse der Schwingung nicht mit der Wellenlänge zu verwechseln. Die Richtung
der Ausschwingung wird beim Licht senkrecht auf die Richtung des
Strahls angenommen werden müssen, und die Wellenlänge wird
in der Richtung des Strahls selbst gemessen. Wellenlänge und
Schwingungszahl stehen bei gleicher Fortpflanzungsgeschwindigkeit im elastischen Mittel im umgekehrten Verhältniss, wie bei
der Schallbewegung und überhaupt bei jeder Wellenbewegung;
dagegen die Ausweichung des Molecüls aus der Gleichgewichtslage,
in die es durch die Elasticität des Mittels wieder zurückgeführt
wird, steht damit nicht nothwendig im Zusammenhange, wie auch
bei derselben Tonhöhe die Stärke des Tones eine sehr verschiedene sein kann.

Es ist nun aus anderweitigen Untersuchungen hervorgegangen, dass die brechbarsten Strahlen, die violetten, die kleinste Wellenlänge, also die grösste Zahl Schwingungen in der Zeiteinheit haben, und dass umgekehrt die dem rothen Ende sich nähernden Strahlen eine grössere Wellenlänge und kleinere Schwingungszahl haben. Da aber nun dennoch im rothen Theil des Spectrums die grössere Summe von Bewegung liegt, so muss die Amplitude des rothen Strahls in einem viel grösseren Verhältniss steigen, als die Schwingungszahl abnimmt. Die Wärmemessung im Spectrum durch die Thermosäule bietet nun Veranlassung zu manchen Zweifeln dar, und Müller (1. c. S. 355) nennt selbst die gewonnenen Zahlen angenäherte Werthe. Wäre die Wärmemessung eine zuverlässige, so würde man daraus und aus der Schwingungszahl jedes Strahls die relative Grösse der Ausweichung aus der Gleichgewichtslage berechnen können. Jenseits des Roth im Spectrum, wo die Wärmewirkung sich als die stärkste zeigte, müssen die Schwingungsweiten vergrössert, dagegen die Schwingungszahl so vermindert sein, dass diese Strahlen nicht mehr als Licht unser Auge durchdringen. Es liegt somit gar kein Widerspruch darin, dass die violetten Strahlen die grösste Zahl Schwingungen in der Secunde machen und dennoch den kleinsten Wärmewerth einschliessen, weil die in Wärme umgesetzte Lichtbewegung nach der Summe der Bewegung in Zahl und Amplitude bemessen wird. Da nun auch jeder Lichtstrahl, selbst der fluorescirende, bei seiner Hemmung nur in Wärme übergehen kann, so besteht die Wärmewirkung in dem Theile des Lichtspectrums, wo Wärme- und Lichtspectrum sich überlagern, aus zwei Grössen, aus jener, die aus den Wärmewellen allein, und jener, die aus den Lichtwellen entstanden ist. Beide können nicht mehr getrennt werden, wenn es nicht vorher gelingt, Wärme- und Lichtwellen vollständig zu scheiden, was bis jetzt bei Sonnenlicht noch nicht möglich gewesen ist. Licht ohne Wärme kann es nicht geben, selbst nicht bei den Leuchtkäfern und dem phosphorescirenden Holz, aber wohl Wärme ohne Licht, weil die Wärme fortbestehen kann, ohne ihre Natur zu verändern, das Licht aber nicht.

Man könnte die Frage erörtern, ob strahlende Wärme eigentlich Wärme sei. Sie ist ganz sicher nicht dasjenige, was wir durch das Gefühl als Wärme wahrnehmen, denn die Wärmestrahlen erscheinen erst warm, wenn sie durch unseren Körper aufhören Strahl zu sein und in gemeine Wärme übergegangen sind.

Streichen wir unseren Körper schwarz an, so empfinden wir mehr Wärme als im natürlichen Zustande; in schwarzen Kleidern mehr als in weissen; versilbern wir dagegen Theile des Körpers und poliren die Oberfläche mit dem Polirstahl, so trifft uns wohl der Wärmestrahl, aber er bringt keine Wärmewirkung hervor, weil er reflectirt wird.

Es müssen aber Licht und Wärme an ihren äussersten Gränzen dem Grade nach verschiedenartige Bewegungen sein, weil sie in vielen Fällen getrennt werden können. Ein farbloses Brennglas gegen glühende Kohlen gehalten gibt im Focus auf der Hand ein Lichtbild des Kohlenfeuers, aber wenig Wärme; ein ebensolches mit Manganoxyd violett gefärbtes Brennglas gibt auf der Hand keinen Lichtschein, aber intensive Hitze. Durch das farblose Glas sind die Lichtstrahlen durchgegangen, die Wärmestrahlen aber zurückgehalten worden; umgekehrt ist es mit dem violetten Brennglase.

Das Absorbiren irgend eines Strahls durch ein Mittel besteht einfach in Verwandlung dieses Strahls in gemeine Wärme, mag nun der Strahl aus dem Wärme-, Licht- oder chemischen Spectrum her stammen. Im obigen Falle wird das farblose Brennglas von den Wärmestrahlen stark erwärmt, und die aus dem durchgehenden Lichte auf der Hand freiwerdende Wärme erscheint dem Gefühl kaum bemerkbar, muss aber vorhanden sein, weil Licht durchgeht; im zweiten Falle wird das violette Brennglas bloss von der Wärme, die aus den Lichtstrahlen entsteht, erwärmt und also kalt bleiben, wie im ersten Falle die Hand; dagegen wird im zweiten Falle die Hand bis zum Verbrennen heiss werden. Nach allem erscheint uns die Wärmemenge, die aus dem Lichtstrahl entsteht, verschwindend klein gegen die aus den ächten Wärmestrahlen entstehende, gemeine, fühlbare Wärme. Im Sonnenlicht gehen Licht- und Wärmewellen gemeinschaftlich fort, und sie unterscheiden sich nur durch ihre Schwingungszahl und Schwingungsamplitude, d. h. sowohl durch die Summe der lebendigen Kraft, als auch ihre ungleiche Vertheilung auf Zahl und Weite der Schwingungen.

Ebenso muss es sich mit dem Absorbiren von farbigem Licht durch farbige Gläser verhalten. Die verschwindende Farbe geht in dem Glase in gemeine Wärme über, und das Glas wird sich ungleich erwärmen, je nachdem es die wärmsten Strahlen durchlässt oder zurückhält. Eine gesättigte Lösung von Kupfervitriol lässt nach Franz (Pogg. 101, 54) keine Wärmestrahlen hindurch, oder wenigstens in so geringer Menge, dass man sie nicht quantitativ bestimmen kann; eine Lösung von schwefelsaurem Kupferoxydammoniak absorbirt vollständig den weniger brechbaren Theil des Spectrums, also Roth, Orange, Gelb, Grün, und lässt nur Blau, Indigo und Violett ohne merkliche Schwächung durch. Forbes benutzte diese Flüssigkeit als Actinometer, um die Wärme des Sonnenstrahls zu messen, denn die warmen Strahlen werden davon nicht durchgelassen, sondern in gemeine Wärme umgesetzt, die in dem Actinometer thermometrisch gemessen wurde. Rothe Gläser lassen die rothen und warmen Strahlen durchgehen, bleiben also selbst kalt und absorbiren die blauen und violetten Strahlen, die wenig Wärme ausgeben. Es müssen also rothe Gläser sich weniger im Lichte erwärmen, als blaue.

Die Summe beider Bewegungen, die wir oben im Strahl als Amplitude und Schwingungszahl unterschieden haben, bilden zusammengenommen dasjenige, was Thomson (Phil. Mag. 4. Vol. 9, p. 523) *quantity of mechanical energy* nennt. Es ist, soviel mir bekannt, die Schwingungsweite des Lichtstrahls bis jetzt noch nicht als eine lebendige Kraft in Anspruch genommen worden; allein ohne diese Annahme müssten die violetten Strahlen wegen ihrer grossen Schwingungszahl die meiste Wärme frei machen, was aber gerade umgekehrt der Fall ist.

Zur Absorption von Lichtstrahlen und Messung der bewegenden Kraft bediente man sich solcher Flüssigkeiten, welche keine rothe Strahlen durchlassen, weil in diesen die meiste Wärme enthalten ist. Es gehen jedoch noch die blauen Strahlen durch. Müller fand die durchgehenden Wärmestrahlen, wenn er sie für farbloses Wasser = 100 setzt (Pogg. 105, 346):

Für eine rothe Cochenillelösung . . . . = 40
  „ eine gelbe Lösung von saurem chroms. Kali = 74
  „ Grün aus Chlorkupfer . . . . = 13
  „ Blau aus Kupferoxyd-Ammoniak . . . . . = 13

Um eine Flüssigkeit zu haben, welche sämmtliche Strahlen aufnähme, müsste roth und blau darin enthalten sein, und die Flüssigkeit eigentlich schwarz erscheinen; so z. B. Chromchlorid und doppeltchromsaures Kali oder ein anderes Chromoxydsalz mit chromsaurem Kali, vielleicht auch citronensaures Eisenoxyd in Ammoniak gelöst, oder gallussaures Eisenoxyd.

Um dies zu prüfen, müsste man Thermometer mit diesen Flüssigkeiten füllen aus denselben cylindrischen Röhren, diese zugleich der Sonne aussetzen und das relative Steigen derselben beobachten; dann gleichmässig den Stand markiren, die Sonne ausschliessen und nachher durch Vergleichen der einzelnen Stände mit einem richtigen Thermometer die Zahlen feststellen. Melloni hatte bei seinen Wärmeversuchen leuchtende und dunkle Wärmequellen, und hat den Effect auf die Thermosäule immer auf Wärmestrahlen bezogen. Da aber Lichtstrahlen auch keinen andern Verlauf als in Wärme nehmen können, so waren seine Resultate gemischter Art. Man wird sie im Allgemeinen gelten lassen können, da das Licht im Verhältniss zur Wärme in jedem Strahl eine unbedeutende Grösse ist.

Demnach kann Licht nicht anders als durch Wärme gemessen werden; da wir aber für Licht selbst kein vergleichbares Maass haben, so können diese Messungen nicht zu einem Lichtäquivalent führen. Die gewöhnliche Photometrie ist Vergleichung, aber nicht Messung des Lichtes.

Die Bestimmung des mechanischen Aequivalentes des Lichtes ist von Julius Thomsen[1]) versucht worden. Hier tritt zuerst die Schwierigkeit entgegen, dass wir keine Lichteinheit haben, wie wir für die Wärme eine solche besitzen, und es ist deshalb auch Thomsen zu der Nothwendigkeit gekommen, die Lichteinheit nach der Menge einer verbrannten Wallrathkerze zu bestimmen. Dabei sind aber die Dicke des Dochtes und die Dicke der Kerze nicht ohne Einfluss auf die Lichtmenge, da man von derselben Menge Brennmaterial sehr ungleiche Mengen Licht, aber immer nur eine gleichbleibende Menge Verbrennungswärme erhalten kann. Die ganze Frage reducirt sich also auf den Umstand, zu bestimmen, der wievielste Theil der in Wärme umgesetzten ganzen Strahlung dem sichtbaren Lichte, und welcher Theil der unsichtbaren Wärme zukommen, denn nur durch diese Eigenschaft unterscheiden wir Licht und Wärme. Es kann also das Licht nicht anders als in Wärmeeinheiten ausgedrückt werden, da es sich nicht unmittelbar in Massenbewegung umsetzen lässt. Die fernere Verwandlung dieser Wärmeeinheiten in Massenbewegung ist ein einfaches Rechenexempel, hat aber keine

---

[1]) Pogg. 125, 348.

Bedeutung, weil Wärme überhaupt das allgemeine Maass aller Bewegungen ist.

Zunächst wurden die Angaben des Thermomultiplicators mit der absoluten Ausstrahlung einer bekannten Wärmequelle verglichen. Als solche wurde eine Glaskugel benutzt, welche mit warmem Wasser gefüllt in verschiedenen Abständen von der Thermosäule aufgestellt wurde. Die Glaskugel entsprach einem Wasserwerth von 1351 Gramm, und bei einer Temperatur von 50° C. betrug die Abkühlung in der Minute 0,185° C., oder sie verlor 1351 $\times$ 0,185 = 250 Wärmeeinheiten. Von diesen kam aber ein Theil auf Ableitung durch berührende Luft. Es wurde nur der auf strahlende Wärme kommende Antheil nach der Dulong'schen Formel auf 102 Wärmeeinheiten für die Minute, bei einer Lufttemperatur von 17° C. berechnet. Wenn nun die Thermosäule in dieselbe Entfernung von 0,8 aufgestellt wurde, so zeigte sie einen constanten Ausschlag von 17,8° C., und daraus geschlossen, dass dieser Ausschlag einem Wärmeverlust von 102 Wärmeeinheiten in der Minute entspreche. Nimmt man nun innerhalb einer gewissen Gränze den Ausschlagswinkel proportional der Wärmestrahlung, so würde unter diesen Umständen ein Ausschlag von 1° einem Wärmeverlust von $\dfrac{102}{17,8}$ oder 5,73 Wärmeeinheiten gleich sein. In gleicher Weise wurde für noch einige Entfernungen der Werth eines Multiplicatorgrades empirisch bestimmt. Es wurde dann in derselben Entfernung von 0,8 Metern ein Licht aufgestellt, und dadurch ein constanter Ausschlag der Nadel von 36,5° erzeugt, und dieses entspricht einer Gesammtausstrahlung von 36,5 $\times$ 5,73 = 209,14 Wärmeeinheiten in der Minute. Da nun die entsprechende Menge Wallrath bei der Verbrennung überhaupt 1400 Wärmeeinheiten entwickelt, so geht daraus hervor, dass nur etwa $^1/_7$ der ganzen Wärmemenge als strahlende Wärme und Licht frei wird, während $^6/_7$ der Wärmemenge als erwärmte Luft entweicht.

Um die Trennung von Licht und Wärmestrahlen zu bewirken, wurde eine Wasserschicht von 0,2 Meter zwischen klaren Glasscheiben eingeschaltet, und angenommen, dass dadurch nur die Lichtstrahlen hindurch gingen. Diese Annahme ist sehr wahrscheinlich. Der Versuch konnte in der Art ausgeführt werden, dass dunkle Wärme, etwa von einer stark erhitzten, aber noch nicht leuchtenden Kugel (von Eisen) kommend, unter denselben

Verhältnissen angewendet, dann gar keine Ablenkung der Galvanometernadel hervorgebracht hatte. Thomsen fand, dass die
ganze Strahlung einer nicht leuchtenden Bunsen'schen Flamme
durch die Wasserschicht vollkommen zurückgehalten wurde, da
die Galvanometernadel in Ruhe blieb, während dieselbe Flamme
bei unten abgesperrter Luft, oder beim Dareinhalten eines Pla-
tindrahtes oder von Chlornatrium sogleich eine Ablenkung der
Nadel bewirkte. Da man aber die blaue Flamme des Bunsen'-
schen Gasbrenners durch die Wasserschicht sehen konnte, so
folgt nur aus dem Versuche, dass die dem blauen Lichte entsprechende Wärmemenge durch das Galvanometer nicht mehr
angezeigt wurde, aber nicht, dass sie absolut Null war; ebenso
war einleuchtend, dass keine merkbare Menge dunkler Wärmestrahlen durch die Wasserschicht hindurchging.

　　Als nun unter gleichen Verhältnissen die Strahlen von leuchtenden Flammen durch die 0,2 Meter dicke Wasserschicht auf
die 0,8 Meter entfernte Thermosäule wirken gelassen wurden, ergab der Ausschlag die dem Lichte entsprechende Wärmemenge.
　　So war die ganze Strahlung einer Wallrathkerze, von welcher
in der Stunde 8,2 Grm. verbrannten, = 210 Wärmeeinheiten und
des Lichtes allein = 4,4 Wärmeeinheiten, d. h. die dem Lichte
entsprechende Menge Wärme ist nahezu 2 Procent von der ganzen Strahlung.

　　Diese Zahl gilt nur von der genannten Wallrathkerze, und
wird bei jeder anderen Flamme ein anderes Procentverhältniss
haben. Bei der blauen, schwach leuchtenden Flamme des Bunsen'schen Brenners konnte das Verhältniss gar nicht festgestellt
werden, weil das Galvanometer nicht mehr sprach. Als Mittel
mehrerer Versuche fand Thomsen, dass eine Flamme, deren
Lichtstärke gleich der eines Lichtes ist, welches in der Stunde
8,2 Grm. Wallrath verbrennt, als Licht in der Minute 4,1 Wärmeeinheiten (zu 1 Grm. Wasser von 1⁰ C.) aussendet.

　　Für Sonnenlicht würde dieser Versuch keine Bedeutung haben
und auch in keiner andern Form herzustellen sein, da wir bis
jetzt keinen Körper kennen, der alle Wärmestrahlen absorbirte
und alle Lichtstrahlen hindurchliesse. Ein tiefgefärbtes, undurchsichtiges Glas muss natürlich auch viele Wärmestrahlen zurück-
halten. Ueber die Trennung von Licht und Wärme kann nur
das Auge entscheiden. Kein Licht, auch das schwächste nicht,
kann ohne Wärmewirkung verschwinden. In leuchtenden Kör-

pern macht der dem Licht entsprechende Antheil einen um so
grösseren Procentsatz der Strahlung aus, als das Licht intensiver
ist. Ob man bei weissglühendem Platindrahte oder bei dem Mag-
nesiumlicht Wärme und Licht durch eine Wasserschicht scheiden könne, lässt sich experimentell nicht feststellen.

Absolutes Maass für Elektricität.

Die Elektricität hat zwei Formen der Existenz: die strömende und die statische. Die strömende ist eine fortschreitende,
die statische eine in sich zurückkehrende Molecularbewegung.
Letztere wirkt nach aussen als Kraft. Der elektrische Strom besteht nur im Augenblicke seines Entstehens, im folgenden setzt
er sich in Wärme um. Will man einen continuirlichen Strom
haben, so muss man eine ununterbrochene Erregung desselben
bewirken. Diese Eigenschaft hat er mit dem Licht gemein. Beide
Bewegungen sterben sofort in Wärme ab. Die statische Elektricität
hat eine gewisse Aehnlichkeit mit der gemeinen, geleiteten Wärme,
jedoch unterscheidet sie sich von dieser durch eine Fernewirkung,
Induction. Sobald die statische Elektricität in strömende übergeht, setzt sie sich sogleich in Wärme um. Das einzige Maass
der Elektricität ist deshalb auch die Wärmeeinheit. Da sie aber
für sich kein vergleichbares Maass hat, so kann man diese Messung nicht in einer Gleichung oder einem Aequivalent ausdrücken.
Es gibt keine messbare Elektricitätseinheit, wie es eine Wärmeeinheit gibt. Der Strom aus der Elektrisirmaschine ist aus Massenbewegung entstanden. Wenn sich die Scheibe erhitzt, erhält
man keine Elektricität. Der hydro-elektrische Strom, den man
auch vorzugsweise galvanischen Strom oder geradezu Strom nennt,
ist aus der chemischen Bewegung entstanden.

Elektromotorische Kraft ist die Summe von Bewegung, welche
ein chemischer Vorgang in der Zelle erregen kann; sie wird durch
die entstehende Wärme in Wärmeeinheiten gemessen, und diese
Wärme ist ganz genau dieselbe, es mag der Vorgang innerhalb oder
ausserhalb der geschlossenen Kette vor sich gegangen sein. Der
elektrische Strom ist also nur ein Zwischenzustand zwischen der
chemischen Bewegung und der Wärme. Der Grund, warum Wärme

dabei frei wird, liegt darin, dass durch den chemischen Vorgang flüssige und flüchtige Körper in starre und schwer schmelzbare übergehen. Zink, Wasser und Schwefelsäure enthalten mehr chemische Bewegung, als das enstandene schwefelsaure Zinkoxyd und der Wasserstoff. Die Differenz in Bewegung ist durch Eintreten des chemischen Vorgangs als Wärmebewegung frei geworden, und wenn eine Zelle aus zwei zu Sauerstoff ungleich stehenden Metallen vorhanden war, so hat die Bewegung zwischenzeitlich die Form des elektrischen Stroms angenommen, ist aber schliesslich in dieselbe Menge Wärme umgesetzt worden, als wenn auch das Zink allein und ohne Combination mit einem anderen Metalle zur Lösung kam.

Zwei verschiedene galvanische Elemente vergleicht man auf ihre elektromotorische Kraft, indem man in der Zelle selbst die Wärmezunahme nach Wärmeeinheiten bestimmt, mit Berücksichtigung der specifischen Wärme und des Gewichtes der fremden Körper, die in Wasserwerth ausgedrückt werden, und die dann auf das Gewicht des gelösten Zinkes oder des niedergeschlagenen Kupfers bezogen werden. Für gleich viel Zinkverbrauch gibt ein Daniell'sches Element mehr Wärme, als ein gemeines Volta'sches, und das Verhältniss dieser Wärmemengen gibt die bezüglichen Stromstärken. Alle Messungen dieser Art mit Galvanometern oder Rheostaten sind rein illusorisch, weil sie gar nicht auf Zink reducirt werden können, und jedes Galvanometer ein Individuum ist. Solche Bestimmungen haben keinen andern Werth, als wenn man mit einem Thermometer die Wärme messen wollte, ohne die Menge des erwärmten Wassers zu messen, oder die des verbrannten Körpers zu bestimmen. Die Tangentenbussole gibt die relative Stromstärke des Augenblicks an, aber nicht die Summe von Wirkungen im Verhältniss zum Verbrauch von Substanz. Da aber der elektrische Strom nur eine unendlich kurze Zeit existirt und sich dann in Wärme umsetzt, so ist klar, dass es kein anderes Maass der Grösse seiner Bewegung geben kann, als die Arbeit desselben in Wärmeeinheiten. Der durch die Galvanometernadel angezeigte Strom ist die Wirkung des sich in demselben Augenblicke auflösenden Zinkes, und die Wirkung des vorher und bis dahin gelösten Zinkes ist als Wärme vorhanden. Unterbricht man die Kette, so ist im selben Augenblick jede Spur von Strom verschwunden, und nur die Wärme übrig, die dann auch die Arbeit des chemischen Vorganges und dann des äquivalenten Stromes ist.

Joule's Gesetz. 59

Es folgt aus dem Gesetz der Erhaltung der Kraft, dass die doppelte
Menge gelösten Zinkes eine doppelte Grösse von Bewegung d. h.
von Strom und folglich auch von Wärme geben muss, aber nicht
die vierfache Menge, wie das Joule'sche Gesetz will. Elektrischer
Strom und Wärme, beide sind Bewegungen; wenn der Strom verschwunden ist, findet sich Wärme an seiner Stelle; diese Wärme ist
also die Arbeit des Stromes. Es wäre eine schreiende Verletzung
des Gesetzes von der Aequivalenz der Verwandlungen, wenn die
Wärme das Quadrat vom Strom wäre, und es spricht sehr gegen
die Bedeutung der mathematischen Behandlung der Elektricität,
dass die grössten Mathematiker diesen Verstoss nicht bemerkt
haben, der vor den Gleichungen $2 = 4$ und $3 = 9$ nichts voraus hat.

In einem ähnlichen Widerspruch mit der Wahrheit ist die
Elektricitätslehre durch den sogenannten Leitungswiderstand gekommen, indem sie behauptet, dass die Wärmeentwicklung proportional dem Leitungswiderstand sei.

Leitungswiderstand ist weder eine Bewegung noch eine Kraft,
er kann also auch nicht überwunden werden. Wenn der Strom
durchgegangen ist, so ist der Leitungswiderstand noch unverändert vorhanden. Der Leitungswiderstand vermindert den Strom
und also auch die in einem Augenblick in Wärme umgesetzte
Menge desselben; da er aber auch den Zinkverbrauch in demselben Verhältniss vermindert, so hat er durchaus keinen Einfluss
auf das Verhältniss zwischen Wärme und Zinkverbrauch, sondern
nur auf die Zeit, in welcher dieselbe Menge Zink verbraucht wird.

Zündet man eine Wasserstoffflamme an, so kann man durch
Umdrehen des Hahns den Leitungswiderstand vergrössern und
die Flamme verkleinern, aber die Verbrennungswärme wird dadurch nicht beeinflusst. 1 Grm. Wasserstoff gibt dieselbe Menge
von Wärme, er mag mit grosser oder kleiner Flamme verbrennen.
Dass von derselben Zelle ein dünner Platindraht heisser wird, als
ein dicker, bedarf wohl keiner Erklärung; wenn aber bei dem
grossen Leitungswiderstande des dünnen Drahtes mehr Wärme
frei, also mehr Zink aufgelöst werden soll, als bei dem stärkeren
Strome durch einen dickeren Draht, so wäre eine Erklärung sehr
zu wünschen, aber schwer beizubringen, und in der That ist von
diesem Paradoxon auch nirgendwo eine Erklärung gegeben. Will
man die gewöhnliche Annahme dadurch retten, dass man nur von
der Wärme im Leitungsdrahte und nicht von jener in der ganzen
Kette gesprochen habe, so ist das eine Ausrede, die man besser

vorher oder gar nicht gemacht hätte. Es ist aber nirgendwo
davon die Rede, dass die Lehre vom Leitungswiderstand ein Paradoxon ist, und das aus dem Grunde, weil man die Wärme des
Leitungsdrahtes nicht als das volle Aequivalent des verschwundenen
Stroms, sondern als ein Accidens, als eine Qualität des Stromes,
als unvermeidlich angesehen hat. Dass die Wärme das eigentliche
Maass und sein volles Aequivalent sei, habe ich zuerst in meiner
mechanischen Theorie der chemischen Affinität S. 325 ausgesprochen, und werde es mit anderen Dingen, die in der Lehre
vom Galvanismus schief sind, später besonders behandeln.

Dass die Ansichten über die Ursache der Wärme im Leitungsdrahte noch nicht geklärt sind, ergibt sich aus einer Stelle von
Tyndall's Werk über die Wärme (S. 134). Derselbe beschreibt
den Fall, wo eine leichte Kugel auf zwei horizontalen Metall-
schienen, welche mit den Polen einer galvanischen Batterie verbunden sind, durch die an den Berührungspunkten freiwerdende
Wärme in Bewegung komme und erklärt diesen Fall so: „Es
läuft nun ein Strom durch die eine Schiene zu der Kugel und von
der Kugel zu der anderen Schiene und schliesslich zu der Batterie
zurück. Dieser Strom wird jedoch bei dem Uebergang von der
Schiene nach der Kugel und von der Kugel nach der Schiene auf
Widerstand stossen, und überall, wo ein Strom Widerstand
findet, wird Wärme erzeugt." Die entwickelte Wärme ist
ganz genau dieselbe, der Strom mag durch einen zolldicken Kupferdraht oder durch schmale Berührungspunkte zwischen einer Kugel
und einer scharfen Schiene gehen. Der Unterschied liegt nur
darin, dass die Wärme in dem dicken Drahte wegen seiner Masse
kaum bemerkt wird, während sie an der engen Uebergangsstelle
einen höheren Grad annehmen, an Intensität steigen muss, aber an
Quantität dieselbe bleibt. Ebenso hat das Wasser in dem dünnen
Ausflussrohr der Feuerspritze eine grössere Geschwindigkeit als
in dem weiteren Kolben, obgleich die Menge des Wassers, welche
in einer gegebenen Zeit durch einen Querschnitt geht, dieselbe
ist im Kolben und im Strahlrohr. So auch hier. Die Erklärung
Tyndall's schliesst eine Verletzung des Gesetzes der Erhaltung
der Kraft ein, denn der Widerstand der Leitung wird nicht überwunden, weil er nach Aufhören des Stromes noch vorhanden ist.
Wenn man den Widerstand eines festen Körpers durch einen Keil
überwindet, so wird der feste Körper wirklich gespalten. Bliebe
er aber ganz, so hätte man den Widerstand der Cohäsion nicht

überwunden. Wenn Wärme frei wird, so muss man nachweisen, von welcher Bewegung sie abstammt, da Widerstand keine Bewegung ist.

Absolutes Maass für chemische Bewegung oder Affinität.

Dieselbe kann unmittelbar nicht gemessen werden, da sie von dem Element nicht auf ein anderes oder eine Vorrichtung übertragen werden kann. Durch die chemische Verbindung, speciell Verbrennung, wird nur ein Theil der Bewegung in Gestalt von Wärme frei, und ein anderer Theil bleibt in den Verbrennungsproducten. Man kann aber nur den als Wärme ausgetretenen Theil, aber nicht den zurückgebliebenen messen; ebenso kann man nicht denjenigen Theil bestimmen, welcher jedem einzelnen Bestandtheil angehörte. Wenn 1 Grm. Wasserstoff mit 8 Grm. Sauerstoff verbrennt, so werden 34462 Wärmeeinheiten frei. Dieselben sind das Maass der Bewegung, welche die noch getrennten Gase mehr enthielten, als das aus ihnen entstandene Wasser. In dem Wasser ist selbst noch chemische Bewegung vorhanden, wie seine Flüssigkeit und Flüchtigkeit beweist. Aus dem Sauerstoff des Wassers kann man noch einmal mit Kalium, oder Zink und Säure Wärme freimachen, weil Kali und Zinkoxyd feuerbeständiger sind, als Kalium und Zink. Man kann nun erstens nicht wissen, welcher Antheil von den 34462 Wärmeeinheiten vom Wasserstoff und welcher vom Sauerstoff stammt, und dann nicht, wie viel Bewegung noch im Wasser vorhanden ist. Es lässt sich also die chemische Affinität nicht auf absolutes Maass zurückführen, sondern nur derjenige Antheil, welcher sich als Wärme entbindet. 1 Grm. Wasserstoff, ungefähr 11 Liter, entwickelt mit Sauerstoff eine Wärmemenge, welche gleich ist der Hebung von $34462 \times 0,440 = 15163,280$ Kilogramm auf 1 Meter Höhe.

Man hat früher (Annal. der Pharm. 2, 23) die chemische Affinität mit der mechanischen Kraft in der Art verglichen, dass man berechnete, eine wie grosse Kraft dazu gehöre, ein Gasgemenge auf diejenige Dichtigkeit zusammenzupressen, die es in seiner chemischen Verbindung habe, und daraus geschlossen, dass die chemische Affinität jede uns .zugängliche mechanische Kraft bei weitem übertreffe. So wäre das specifische Gewicht des Knallgases $\dfrac{0,1384 + 1,1072}{3} = 0,4152$, und also gegen Wasser, welches 770 mal

so dicht ist als Luft, $= \dfrac{770}{0,4152} = 1854$, und daraus ginge hervor,

dass ein Druck von 1854 Atmosphären nothwendig wäre, um Knallgas auf dieselbe Dichtigkeit zusammenzupressen, als es in der chemischen Verbindung Wasser hat.   Der letzte Schluss ist mechanisch richtig.   Da aber bei dem Verbrennen von Wasserstoff 34462 Wärmeeinheiten ausgetreten sind, so haben wir im Wasser nicht mehr dieselbe Kraft zu bekämpfen, wie im Knallgas.

Wenn Eisen mit Sauerstoff Wärme entwickelt, so ist die Verdichtung des Sauerstoffs im Eisenoxyd allerdings eine Wirkung der Affinität, aber im Eisenoxyd ist die Spannung des Sauerstoffs gar nicht mehr vorhanden, sondern ausgeschieden.   Die bei der Verbrennung des Eisens in Sauerstoff freiwerdende Wärme ist der Ueberschuss von Bewegung, den Eisen + Sauerstoff im Vergleich zu Eisenoxyd in sich tragen.   Sauerstoff zu Kohlensäure verbrennend ändert sein Volum nicht, und das specifische Gewicht eines Gemenges von Chlor und Wasserstoffgas ist vor und nach der Verbindung ganz gleich, weil beide keine Volumveränderung haben, und dennoch viel Wärme ausgeschieden haben. Es erhellet, dass die obige Voraussetzung unbegründet ist.

Uebrigens ist im obigen Beispiel Atmosphärendruck gar kein Maass von Bewegung, wenn nicht der Wirkungsraum zugleich bestimmt ist.

Man ersieht aus dem angeführten Beispiel, wie ungeheuer viel grösser diejenige Bewegung ist, welche die Stoffe als chemische Eigenschaft, Affinität, enthalten, gegen diejenige, welche sie als gemeine Wärme enthalten.   Die 9 Grm. gebildeten Wassers enthalten nur 9 Wärmeeinheiten, dagegen das Knallgas, dessen specifische Wärme annähernd 0,25 ist, enthielt nur $2^{1}/_{4}$ Wärmeeinheiten vor der Vereinigung, und entwickelte 34462 Wärmeeinheiten bei dem Verbrennen, so dass die Bewegung in der Affinität 15316 mal grösser ist, als die zugleich darin als gemeine Wärme vorhandene Bewegung.

Absolutes Maass für thierische Bewegung.

Auch die Ursache der thierischen Bewegung hat im Gesetz der Erhaltung der Kraft eine vollständige Erklärung gefunden.

Die den Menschen bekannten und zugänglichen Quellen von Bewegung sind die Wärme und der Lebensvorgang der Thiere.

Die Kraftentwicklungen durch Wärme sind theils natürliche, theils künstliche, von uns einzuleitende. Die natürlichen Quellen stammen offenbar von der Sonne, und erscheinen uns als bewegte Luft und bewegtes Wasser. Die Sonne, indem sie die Luft ausdehnt, macht dieselbe specifisch leichter, wodurch sie aufsteigt und nach dem Gesetz der Schwere auf beiden Seiten des Aequators nach den Polen abfliesst. Ein gleich grosses Volum kalter und also schwererer Luft strömt von den Polen nach dem Aequator, wird dort erwärmt und steigt wieder in die Höhe. Gegen alle Hindernisse, die wir dieser bewegten Luft entgegensetzen, wie die Flügel der Windmühle, die Segel des Schiffes, erscheint sie uns als Bewegungsquelle.

Das durch Verdunstung gehobene Wasser verdichtet sich wieder zu Schnee oder Regen, kann aber als solche nicht als Kraft benutzt werden. Erst wenn das auf höhere Theile der Erde als Regen niedergefallene Wasser sich in Bächen oder Flüssen gesammelt hat, kann es als Bewegungsquelle dienen, wenn man ihm die beweglichen Schaufeln des Mühlrades oder die gekrümmten Röhren· der Turbine entgegenstellt. Die Grösse dieser Kräfte ist ganz ungeheuer und würde jedes menschliche Bedürfniss weit überflügeln, wenn wir in der Lage wären, diese ganze Kraftmenge aufzufangen und anzuwenden. Trotz der ungeheuren Grösse der Kraft macht der Mensch einen sehr geringen Gebrauch davon, theils wegen der Launenhaftigkeit dieser Kraftquellen, theils wegen ihrer ungeheuren Ausbreitung. Der Wind würde uns ganze Monate lang im Stiche lassen, und auch wenn er weht, können wir nur einen unnennbar kleinen Antheil desselben in Anspruch nehmen, der gerade auf der Oberfläche der Erde schwächer ist, als in jeder grösseren Höhe. Die Kraft, welche in einem nur 14 Tage wehenden Westwinde vorhanden ist, würde für ein ganzes Jahr das Bedürfniss an Bewegung für das industriereichste Land decken, wenn Mittel vorhanden wären, die ganze Bewegung aufzusammeln und für

den Bedarf aufzuspeichern. Dasselbe gilt von den Flüssen. Wenn
der Niagarafall eine Maschine von einer halben Million Pferde-
kräften darstellt, so kann doch davon nur an den äussersten Enden
ein kleiner Theil verwendet werden, und es werden diese ewigen
und ungeheuren Kraftquellen fortfahren unbenutzt an uns vorüber
zu fliessen. Die Dampfmaschine hat vor diesen natürlichen Kraftquellen den Vorzug, dass sie in jeder Zeit und an jedem Orte benutzt werden kann, und dass sie eine immer ganz gleiche, den
Zwecken entsprechende und nicht von den Launen der Jahreszeiten
abhängige Kraftquelle ist. Obgleich nun die natürliche Kraft ungeheuer gross ist, und an sich nichts kostet, als die Mühe, sie
aufzufangen und zu benutzen, so hat sie zu menschlichen Bedürf-
nissen dennoch nicht mit der Dampfmaschine können in Concurrenz
treten, und zwar aus dem Grunde, weil wir Kraft nicht als solche
aufbewahren können, ausser in sehr beschränktem Maasse als gehobenes Gewicht, gespannte Feder, oder als zusammengedrückte
Luft; weil wir dagegen in der Kohle und dem überall vorhandenen
Sauerstoff der Luft eine Wärmequelle und aus dieser eine Kraftquelle haben, die ebenfalls eine natürliche ist, aber in dieser Form
noch keine Kraft, sondern nur chemische Differenz. Erst wenn
wir diese Differenz befriedigen, entsteht daraus Wärme, und diese
können wir als Kraft in einer Maschine benutzen.

Wenn 1 Pfund Kohle mit $2\frac{2}{3}$ Pfund Sauerstoff zu Kohlensäure verbrennt, so entsteht daraus so viel Wärme, um 8070 Pfund
Wasser um einen Grad des Centesimalthermometers zu erwärmen,
oder um 807 Pfund um 10 Grad C., oder um 80,7 Pfund um 100
Grad C. zu erwärmen. Um diese Wärme zu erzeugen, brauchen
wir nur das eine Pfund Kohle auf die Locomotive oder das Dampf-
schiff mitzunehmen, denn die $2\frac{2}{3}$ Pfund Sauerstoff, die zum Verbrennen dieser Kohlenmenge nothwendig sind, finden wir auf jeder
Stelle unserer Erde. Es liegt also schon darin ein ungeheurer
Gewinn, dass man zur Erzeugung einer so grossen Menge Wärme
nur 1 Pfund Kohle mitzunehmen hat, während man den zur Erzeugung der Wärme nöthigen Sauerstoff überall von selbst antrifft.
Die condensirte Kraft müsste man als solche ganz mitnehmen;
in der Kohle haben wir eine ungeheure Wärmequelle als chemische Differenz verdichtet, die erst durch Verbindung mit
Sauerstoff frei wird. Der Sauerstoff trägt die Wärme als Gasform in sich; sie kann ihm aber als Wärme entzogen werden,
wenn man denselben mit einem brennbaren Körper vereinigt.

Wir nehmen also in der Kohle streng genommen nicht die Wärme mit uns, die wir durch Verbrennung gewinnen, sondern nur das Mittel, aus dem überall vorhandenen Sauerstoff diese Wärme freizumachen. Wenn Sauerstoff mit Kohle zu Kohlensäure verbrennt, so ändert er sein Volum nicht, aber die entstandene Kohlensäure ist kein permanentes Gas mehr, wie der Sauerstoff war, sondern sie lässt sich durch Druck in eine Flüssigkeit und durch Vergasung dieser Flüssigkeit in eine feste Substanz verwandeln. Die Ursache der Wärmeentwicklung liegt ganz und gar in den veränderten Eigenschaften des Sauerstoffs gegen seine neuen als Kohlensäure, und das, was er an Spannung des permanenten Gases gegen die geringere Spannung des zusammendrückbaren Gases verloren hat, ist als eine andere Art der Bewegung, als Wärme, ausgetreten.

Von dieser Wärme können wir einen Theil mit Hülfe der calorischen oder der Dampfmaschine in Kraft umsetzen, allein auch diese Verwandlung ist mit einem grossen Verlust an Wärme zu dem vorliegenden Zwecke verbunden, indem alle Wärme, welche mit der erhitzten Luft, oder den Dämpfen aus der Maschine als fühlbare Wärme entweicht, keine Wirkung gethan hat, sondern nur jener Antheil der Wärme, welcher in der Maschine seine Natur verloren hat, und in eine andere Form der Bewegung, hier der Massenbewegung, übergegangen ist. Ich stelle hier einen Satz voran, der in dieser Allgemeinheit noch nicht ausgesprochen worden ist, dass die Wärme als bewegungerzeugende Ursache nur durch die Ausdehnung wirken kann.

Die Ausdehnung selbst ist eine Art von Bewegung, eine Veränderung des Umfanges eines Körpers mit Druck verbunden. Setzen wir diesem Druck ein körperliches Hinderniss entgegen, z. B. den Kolben in einem Cylinder, so überträgt sich dieser Druck für die Grösse der Ausdehnung auf den Kolben, von diesem auf die Kolbenstange, und von dieser beliebig auf eine Kurbel, ein Schwungrad oder auf einen Rammklotz, in welchem er nun als mechanische Kraft wirken kann.

Man kann diese Wirkung am besten an den permanenten Gasarten, der Luft, nachweisen. Wenn wir einen von festen Wänden umgebenen Luftraum von aussen erwärmen, so theilt sich diese Wärme auch der Luft mit, wie ein darin befindliches Thermometer anzeigen wird. Der Druck der Luft gegen die Wände des Gefässes wird mit der Temperatur zunehmen, allein eine Arbeit

wird nicht verrichtet, weil die Wände nicht nachgeben können.
Es wird in diesem Falle kein Theil der Wärme auf Ausdehnung
verwendet, weil die festen Wände eine solche nicht gestatten, sondern alle Wärme findet sich als fühlbare Wärme vor, hat aber
nicht gearbeitet. Gestatten wir aber dem Gefässe, sich auszudehnen, so dass der innere Druck wieder nachlässt und auf den
früheren Druck zurückkommt, so sinkt die Temperatur der erhitzten
Luft, und derjenige Theil der Wärme, der hierbei verschwindet,
ist in Massenbewegung (Ausdehnung) umgesetzt worden, derjenige,
der aber noch fühlbar bleibt, ist für diese verloren gegangen.'

Wir ersehen aus diesem Beispiele, dass, wenn das Gas sich
nicht ausdehnen kann, es auch keine mechanische Arbeit leisten
kann, und dass die fühlbar gebliebene Wärme auch hier ohne
Nutzen für die Bewegung geblieben ist. Wenn wir nun durch Versuche bestimmen können, ein wie grosser Theil der Wärme zur
Ausdehnung und ein wie grosser Theil zur Erwärmung verwendet
wird, so können wir auch daraus denjenigen Antheil der Wärme
oder des Brennmaterials bezeichnen, der bei einer Kraftmaschine
zum Zwecke gewonnen wird, und den, welcher verloren geht.

Wenn die in dem obigen Beispiele erhitzte Luft sich durch
Ausdehnen abkühlt, so würde es einer neuen Wärmezufuhr bedürfen, um sie wieder auf dieselbe Temperatur zu bringen, welche
sie vor der Ausdehnung in dem nicht nachgebenden Gefässe hatte.
Es gehört also nothwendig eine geringere Menge Wärme dazu,
Luft in einem nicht nachgebenden Gefässe, als in einem nachgebenden zu erwärmen. Die Thatsache war im Allgemeinen aus
Versuchen bekannt, aber die Grösse der beiden Wärmemengen
konnte durch Versuche nicht festgestellt werden, weil das Gewicht
der Gasarten verschwindend klein ist gegen das Gewicht der sie
umgebenden festen und nothwendig starken Wände, und weil man
sowohl beim Erwärmen als beim Abkühlen diejenige Menge Wärme,
die zum Gase ging und vom Gase kam, nicht von jener der Gefässe trennen konnte. Es ist jedoch auf einem ganz anderen Wege
gelungen, die beiden Wärmemengen zu bestimmen, nämlich aus
der Fortpflanzungsgeschwindigkeit des Schalles in der Luft. Es
würde uns von unserem Ziele zu weit abführen, wollten wir dies
Verfahren eingehend beleuchten. Es hat sich dabei ergeben, dass
diejenige Menge Wärme, welche zur Erwärmung eines Gases bei
gleichbleibendem Volum nöthig ist, sich zu derjenigen, welche zur
Erwärmung auf dieselbe Temperatur bei gleichbleibendem Drucke

nöthig ist, verhält wie 1 : 1,417, und es ist offenbar die Grösse
0,417 diejenige Menge Wärme, die auf die Ausdehnung verwendet
wird, weil es einerseits der Unterschied der beiden Zahlen ist,
andererseits, weil die Ausdehnung der einzige Unterschied in dem
Versuche ist. Demnach beträgt bei Anwendung erhitzter Luft in
der calorischen Maschine der zur Verwendung kommende Theil der
Wärme $^{0,417}/_{1,417}$ oder 29,43 Procent von der ganzen in die Maschine
eingetretenen Wärme, und 70,57 Procent der Wärme werden als
solche in der ausgedehnten Luft verloren gegeben und tragen
nichts zur Kraft bei. Da aber die Luft im Cylinder der calorischen Maschine nicht unmittelbar, sondern durch eiserne Wände
von ansehnlicher Dicke hindurch erwärmt werden muss, und da
die Brennluft in jedem Fall noch heisser als die arbeitende Luft
der Maschine entweichen muss, so ersieht man leicht, dass 29,43
Procent der gewonnenen Wärme noch die günstigste Annahme ist,
und sich nicht auf die von dem Feuer entwickelte ganze Wärme,
sondern nur auf die durch die Wände der Maschine eingedrungene
und an die Luft abgegebene Wärme bezieht. Die Wärme der
Feuerluft entweicht vollständig ohne Nutzen, und wenn sie der
Grösse nach nur gleich der Wärme in der Maschine wäre, so
würde schon dadurch der arbeitende Antheil der Wärme auf die
Hälfte oder auf etwas mehr als $14^1/_2$ Procent herabsinken. Da
aber die Wärme proportional dem verbrauchten Brennmaterial
ist, so kann man dies auch so ausdrücken, dass von 1 Centner
verbrannter Steinkohlen in der calorischen Maschine nur $14^1/_2$
Pfund in Bewegung umgesetzt werden, die übrigen $85^1/_2$ Pfund
Kohle aber nutzlos verbrennen.

Den theoretischen Werth einer Wärmekraftmaschine kann
man aus dem Gesichtspunkte beurtheilen, ob ein Körper einen
möglichst grossen Antheil der Wärme zur Ausdehnung verwende
und also einen entsprechend kleinen zur Wärme. Da es nun
keine Körper gibt, welche mehr Wärme auf die Ausdehnung ver-
wenden, als die Gase, so kann man voraussagen, dass keine Maschine erfunden werden, oder richtiger gesagt, existiren kann,
welche mehr leistet, als die Luftausdehnungsmaschine oder die
calorische Maschine. Die Dampfmaschine leistet noch weniger,
besonders wenn man, wie bei der Locomotive, im Schornstein noch
Blei schmelzen kann. Die calorische Maschine leidet aber an
anderen Nachtheilen gegen die Dampfmaschine, welche sie gegen
letztere nicht den Preis gewinnen liessen, und diese sind die viel

schlechtere Mittheilung der Wärme an ein Gas als an flüssiges Wasser, die trockene Reibung und die Unmöglichkeit, sie in jeder beliebigen Grösse auszuführen. Die obigen Versuche geben nur einen Anhalt über die Menge des Brennmaterials, welche nutzbar zur Kraftentwicklung verwendet wird, aber nicht über die absolute Menge der Kraft, welche aus einer gegebenen Menge dazu benutzter Wärme erhalten wird. Dazu konnte weder die calorische noch die Dampfmaschine benutzt werden, weil bei diesen der Antheil der in Kraft umgesetzten Wärme unbekannt, oder wenigstens mit einer solchen Menge fremder Wärme verbunden war, dass man beide nicht einzeln bestimmen konnte. Man hat deshalb gesucht, bestimmte Kraftwirkungen durch das Sinken bekannter Gewichte durch gemessene Räume in Wärme überzuführen, und diese dann calorimetrisch zu messen. Hierbei wird die Bewegung ganz in Wärme umgesetzt, und diese kann in Wärmeeinheiten oder Thermometergraden an einer bekannten Menge Wasser abgelesen werden. Auf diese Weise hat man gefunden, dass man durch das Sinken von 1400 Pfund durch die Höhe von einem Fuss ebenso viel Wärme erzeugt, als nothwendig ist, um 1 Pfund Wasser um 1 Grad C. zu erwärmen. Die Anzahl der Pfunde und die Höhe in Fussen ausgedrückt, mit einander multiplicirt, geben die mechanische Arbeit als sogenannte Fusspfunde. Wenn wir also sagen 1400 Fusspfunde, so können wir darunter verstehen 1400 Pfund auf 1 Fuss gehoben, oder 140 Pfund auf 10 Fuss gehoben, oder 14 Pfund auf 100 Fuss gehoben, kurz jede zwei Zahlen Pfunde und Fusse, die mit einander multiplicirt 1400 ausgeben, und dieser mechanischen Arbeit wird eine Wärmemenge gleichgesetzt, welche 1 Pfund Wasser um 1 Grad C. oder 10 Pfund Wasser um $^1/_{10}$ Grad C. oder $^1/_2$ Pfund Wasser um 2 Grad C. u. s. w. erwärmt, und auch hier wieder jede Zahl von Pfunden Wasser und Graden des hunderttheiligen Thermometers, welche mit einander multiplicirt 1 geben. Wir nennen diese Wärmemenge, welche die Gewichtseinheit Wasser um 1 Grad C. erwärmt, Wärmeeinheit, und werden sie im Laufe unserer Untersuchung mit W.-E. bezeichnen. 1400 Fusspfund sind also das mechanische Aequivalent von einer Wärmeeinheit, und 1 W.-E. ist das thermische Aequivalent von 1400 Fusspfund. Mit derjenigen Wärmemenge, womit man 1 Pfund Wasser um 1 Grad C. erwärmt, sollte man 1400 Pfund Last auf 1 Fuss Höhe erheben können. Dieser letzte Satz ist nicht experimentell zu beweisen, denn wir können nicht alle Wärme in einer Maschine in Kraft umsetzen,

wohl aber können wir alle Kraft in einer Maschine in Wärme
umsetzen. Die Gesetze des Denkens fordern aber, dass beide Vorgänge einander gleich sind, und während man experimentell die
Wärme bestimmt hat, welche ein Gewicht durch sein Sinken durch
einen bestimmten Raum erregt, hat man geschlossen, dass dieselbe
Menge Wärme, vollständig wieder in Massenbewegung umgesetzt,
hinreichen müsse, die gesunkene Last auf ihre ursprüngliche Höhe
zu erheben. Es muss also die Wärme, welche 1 Pfund Wasser um
1 Grad C. erwärmt, hinreichen, um 1400 Pfund Last auf 1 Fuss
Höhe zu erheben, und aus diesem Grunde nennen wir die 1400
Fusspfund das mechanische Aequivalent von einer Wärmeeinheit.

Es war durchaus nothwendig, diese Begriffe zur klaren Anschauung zu bringen, wenn man über die Entwicklung der Kraft
im thierischen Körper sich ein Urtheil bilden wollte.

Zunächst beobachten wir, dass alle Thiere, welche Kraft entwickeln, zugleich auch Wärme frei machen, und wir sind in derselben Lage, wie bei der calorischen Maschine, unterscheiden zu
müssen, welcher Antheil des Brennmaterials auf die Kraft und
welcher auf die Wärme verwendet worden ist. Ueber die Ursache
beider sind wir nicht in Zweifel, sondern finden sie in einem Oxy-
dationsprocesse und zwar speciell in der Oxydation von Kohlenstoff, die bei der Dampfmaschine auf dem Roste, bei den Thieren
aber in dem Capillargefässsystem des Körpers bei viel niedrigerer
Intensität vor sich geht. Da die Endproducte der Verbrennung
in beiden Fällen gleich sind, nämlich Kohlensäure, die sich in der
Kaminluft der Dampfmaschine und in der ausgeathmeten Luft des
Thieres befindet, so können wir mit Bestimmtheit schliessen, dass
die Wärmeentwicklung in beiden Fällen für gleiche Mengen Kohlenstoff absolut gleich sein müsse, möge dieselbe auf dem Rost
oder in der Muskelfaser verbrennen. Diesem Schlusse kann man
nichts entgegensetzen, als dass vielleicht der Kohlenstoff in der
Form von Eiweiss und Zucker eine andere Menge Wärme mit
Sauerstoff entwickle, als der Kohlenstoff in der Steinkohle. Würden wir Holz statt Steinkohle verbrennen, so würde dieser Ein-
wand seine Kraft verlieren, in jedem Falle aber nur einen unbe-
deutenden Unterschied begründen, der bis jetzt noch nicht durch
Versuche hat ermittelt werden können. Wir nehmen also an,
1 Pfund Kohle zu Kohlensäure verbrannt, entwickle die gleiche
Menge Wärme auf dem Rost und in dem thierischen Körper. Die
Temperatur des warmblütigen Thieres ist wenig abhängig von der

Temperatur seiner Umgebung, und es ersetzt einen grösseren Verlust an Wärme durch vermehrte Verbrennung und vermehrte Kohlensäureausscheidung und vergrössert einen geringeren Verlust durch vermehrte Wasserverdunstung und Schweiss. In jedem Falle muss das warmblütige Thier die ganze Menge Wärme, die es aus der Oxydation von Kohlenstoff erzeugt, nach aussen abgeben, da seine innere Temperatur gleich hoch bleibt, und es ist somit zu einem beständigen Verlust von Wärme bestimmt. Darüber belehrt uns schon die gewöhnliche Erfahrung. Bei einer mittleren Temperatur der Luft von 16 bis 20 Grad C. befinden wir uns wohl, haben kein Gefühl von Kälte oder Wärme, dem wir aber auch einigermaassen durch die Kleidung entgegentreten können. Steigt die Temperatur der umgebenden Luft bis zu 25 Grad, wo sie noch 11 Grad Centes. unter der Blutwärme ist, so fängt die Wärme schon an unangenehm zu werden; der Wärmeverlust nach aussen ist jetzt schon zu gering, und muss durch Schwitzen und vermehrte Verdunstung gesteigert werden. Bei einer Umgebung von der Temperatur des Blutes oder 36 bis 37 Grad C. kann die Luft unserem Körper keine Wärme mehr abnehmen, wir müssen den ganzen Verlust durch Wasserverdunstung bewirken, und der Zustand wird unleidlich.

Ob die von dem thierischen Körper frei gemachte Wärme der Menge nach vollkommen der ausgeathmeten Kohlensäure entspreche, liess sich durch Versuche nicht gut ermitteln. Ein Versuch, der 24 Stunden dauern müsste, und wo der Apparat einen Umfang haben müsste, dass ein Mensch darin 24 Stunden lang mit Luftzufuhr ausdauern könnte, eignet sich nicht zur calorimetrischen Messung. Ein solches Gefäss ganz mit Wasser zu umgeben und davon die Wärmezunahme in 24 Stunden ohne merkbaren Verlust zu messen, grenzt an das Unmögliche, besonders da das Wassergefäss einen noch grösseren Umfang haben muss, und also nach aussen noch grösseren Verlusten ausgesetzt ist. Eine andere Flüssigkeit als Wasser könnte nicht in Anwendung kommen, und eine Flüssigkeit müsste unter allen Umständen gewählt werden, um sie vermischen und ihre Temperatur durch eine Beobachtung feststellen zu können. Versuche, die man mit kleineren Thieren angestellt hat, haben ein befriedigendes Resultat gegeben, dass die entwickelte Wärmemenge ganz äquivalent der ausgeathmeten Kohlensäure sei, und zwar dieselbe, gleichgültig, ob die Kohle unter Weissglühen im Sauerstoffgas, oder bei 36 Grad C. im thie-

rischen Körper verbrannt sei. Mit grösseren Thieren oder mit
Menschen ist der Versuch nicht unternommen worden.

Alle Zahlen, die man auf diesem Wege erhalten könnte,
müssten zu sehr grossen Bedenken Raum geben, in welchem Sinne
sie auch über das Verhältniss von Wärme zu Kohlensäure sich
ausgesprochen hätten. Es kann aber von keiner Seite die Ansicht mit Erfolg angegriffen werden, dass die erzeugte Wärme
nicht ein reines Aequivalent des vor sich gegangenen Oxydations-
processes sei, wobei freilich auch der in den Nahrungsmitteln
überschüssige Wasserstoff, wie in den Fetten, den Oelen, dem Al-
kohol, ebenfalls als Wärmeerzeuger auftritt, ohne dass man sein
Verbrennungsproduct, das Wasser, bestimmen kann.

Im thierischen Körper gehen eine Anzahl Bewegungserschei-
nungen vor sich, von denen die wichtigsten die Blutbewegung
durch das Herz, und die Bewegung des Athmungsapparates durch
Zwerchfell und Thorax sind. Minder wichtige sind die Bewegungen des Darmcanals, des Magens und andere. Alle diese Bewegungen stammen von dem Stoffwechsel ab, der durch die Re-
spiration bedingt ist, sie verlaufen aber im Körper selbst als
innere Arbeit des Stoffwechsels und müssen sich wieder in eine
gleiche Menge Wärme auflösen. Die Blutbewegung wird durch
vermehrten Widerstand des Capillarsystems so weit wieder gehemmt, dass sie dem langsamern Strome in den erweiterten Venen
entspricht. Die auf diesem Wege verlorene Stosskraft des linken
Herzens ist nothwendig in Wärme übergegangen. Wenn Wasser
durch enge Röhren gepresst wird, so erwärmt es sich, und Joule
hat diese Erwärmung unter andern auch zur Bestimmung des
mechanischen Aequivalentes der Wärme benutzt. Es unterliegt
also keiner Frage, dass alle inneren Bewegungen des Körpers,
welche spurlos im Inneren verlaufen, als eine äquivalente Menge
Wärme aus dem Körper austreten müssen. Bei ihrer Erzeugung
nahmen sie einen Theil der Kraft des Stoffwechsels für sich in Anspruch, um als mechanische Kraft eine Zeitlang existiren zu können,
und sie verminderten entsprechend die frei werdende Wärme. Bei
ihrem Aufhören, was eine nothwendige Folge von dem Umstande
ist, dass sie im Laufe des Lebens nicht zunehmen, ungeachtet das
Herz immerfort arbeitet, mussten sie wieder in Wärme übergehen,
und es muss deshalb die von einem ruhenden Menschen erzeugte
und nach aussen abgeführte Wärme absolut gleich sein der Wärme
des Verbrennungsprocesses, gleichgültig, ob in der Zwischenzeit ein

Theil der Wärme als mechanische Kraft existirt hat oder nicht. Ganz anders ist es mit einem Menschen, der äussere Arbeit verrichtet hat. Bewegt er sich einfach durch Gehen, als Bote, so wird ein Theil seiner Kraft nach aussen übertragen; bei jedem Schritte hebt er sein Gewicht um eine gewisse Grösse, und belastet eine neue Stelle des Erdbodens, drückt diese mit der gehobenen Last zusammen und erwärmt sie; ist der Erdboden unnachgibig, wie eine Marmorplatte, so wird die Wärme an der Berührungsstelle seiner Fusssohlen mit dem Marmor in Freiheit gesetzt, gerade wie zwei central gegen einander laufende Kegelkugeln ihre Bewegung verlieren, dagegen eine entsprechende Menge Wärme an der Aufschlagsstelle zeigen. Bei jedem Schritt wird eine der Grösse und Höhe der gehobenen Körpermasse entsprechende Menge Wärme frei, die sich nachher zerstreut, und seine Körperkraft wird erschöpft, weil die von ihm durch den Stoffwechsel erzeugte Kraft auf seinem langen Wege als eine leichte Spur Wärme, die er bei jedem Schritt zurücklässt, ausgetreten ist. Oder man denke sich einen kräftigen Mann, der ohne Ortswechsel 8 Stunden lang an einer Kurbel dreht, und dadurch entweder Lasten hebt oder eine Rundsäge bewegt, die Holz zerschneidet, oder irgend eine Arbeit verrichtet. Diese Arbeit kann unter allen Umständen wieder in Wärme umgesetzt werden. Denken wir nun, der Arbeitende drehe mittelst der Kurbel einen Conus, der sich in einem Hohlconus bewegt, so wird seine ganze Kraft durch Reibung vernichtet und in eine äquivalente Menge Wärme umgewandelt, die man calorimetrisch messen kann. Diese Wärme bleibt nun ausserhalb seines Körpers, wie bei dem Fussgänger, allein die Ursache liegt in seinem Körper in einem vermehrten Verbrauch von Kohlenstoff. In diesem Falle hat also die Kohlensäureproduction des Menschen die äussere Arbeit und die innere Wärme zu decken, und das Resultat muss sein, dass, wenn man nun seine Wärme und seine Kohlensäureproduction misst, ein namhafter Zuwachs oder Ueberschuss von Kohlensäure gegen die freigemachte Wärme stattfinden muss. Das Gesetz der Erhaltung der Kraft verlangt, dass die äussere Arbeit eine Ursache habe, und diese ist unzweifelhaft der Respirationsprocess; die innere Wärme muss ebenfalls eine Ursache haben, und diese ist nothwendig in demselben Vorgange gelegen; da nun aber äussere Arbeit und innere Wärme gleichzeitig auftreten, so kann eine nicht Ursache der anderen sein, sondern beide müssen ihre Ursachen in getrennten Grössen des Respirationsprocesses finden, und wir sind hier zu der Frage gelangt, welcher Antheil desselben der Arbeit und welcher der Wärme zukomme?

Wenn man einen Menschen 8 Stunden in einem Pettenkofer'schen Respirationsapparat einschlösse, ihn darin an einer Kurbel angestrengt drehen liesse, deren Achse nach aussen ginge, und liesse die ganze Kraft durch Reibung in Wärme umsetzen, die calorimetrisch gemessen würde, wenn man zugleich die Summe der Wärme seines Körpers und die ausgeathmete Kohlensäure messen könnte, was für die Kohlensäure möglich ist, für die Wärme aber nicht wohl, so würde die Wärme des Mannes und des Bremsapparates genau der Wärme der Kohlensäure entsprechen. Da es nun bis jetzt unmöglich ist, die Gesammtwärme eines Menschen binnen acht Stunden mit einiger Zuverlässigkeit messen zu können, so ist eine Lösung dieser Aufgabe auf dem angezeigten Wege kaum wahrscheinlich, und wir müssen versuchen, der Aufgabe auf einem anderen Wege näher zu treten, wie es auch oben der Fall war, wo man die Wärme aus Kraft, aber nicht die Kraft aus Wärme bestimmen konnte. Im vorliegenden Fall können wir die ausgeathmete Kohlensäure und die geleistete Arbeit genau bestimmen, aber nicht die Gesammtsumme der Wärme. Aus diesem Grunde ist es auch unerheblich, ob beide Bestimmungen aus einem und demselben Versuche herrühren, oder aus ganz getrennten, da doch ein Factor, nämlich die Summe der Wärme, dabei unbestimmt bleiben muss.

Man rechnet eine Pferdekraft (preussische) gleich 510 Fusspfund für die Secunde und eine Menschenkraft gleich $1/6$ Pferdekraft. Nach Liebig's im Grossen angestellten Versuchen (Chem. Briefe II, 4) verzehrt ein erwachsener Mensch männlichen Geschlechtes in 24 Stunden $27^8/_{10}$ bairische Loth Kohlenstoff, die als Kohlensäure ausgeathmet werden. Das bairische Pfund ist gleich 560 Grammen, es machen also, in runder Zahl, diese 28 Loth Kohlenstoff 490 Gramme aus. Nach bekannten Erfahrungen kann ein Mensch nur 8 Stunden mit voller Kraft in 24 Stunden arbeiten.

Die Pferdekraft pro Secunde = 510 Fusspfund, macht pro Stunde $510 \times 3600 = 1836000$ Fusspfund, also eine Menschenkraft in einer Stunde $\dfrac{1836000}{6} = 306000$ Fusspfund, und in 8 Stunden $8 \times 306000 = 2448000$ Fusspfund. Da nun 1400 Fusspfund gleich einer Wärmeeinheit sind, d. h. gleich derjenigen Menge Wärme, welche 1 Pfund Wasser um 1 Grad C. erwärmt, so stellen obige 2448000 Fusspfund $\frac{2448000}{1400}$ oder 1748 W.-E. vor. Nun entwickelt eine Gewichtseinheit Kohlenstoff beim Verbrennen zu Kohlensäure 8080 W.-E. Die von einem Menschen in 8 Stunden geleistete Arbeit beträgt aber 1748 W.-E.; also in Pfunden Kohlenstoff ausgedrückt $\frac{1748}{8080}$ Pfund oder 121,1 Gramme Kohlenstoff. Da aber der ganze Kohlenstoffverbrauch in 24 Stunden = 490 Grammen ist, so beträgt der auf Kraftentwicklung verwendete Antheil $\frac{121,1}{490}$ oder 24,7 Procent der ganzen verbrauchten Kohlenstoffmenge; annähernd wird also $1/4$ des ganzen Brennmaterials auf Kraftentwicklung und $3/4$ auf Wärmeentwicklung verwendet.

Vergleichen wir nun die Kohlenstoffmenge, die eine Dampfmaschine zu demselben Zwecke verwendet, so findet sich, dass, wenn man in einer guten Dampfmaschine pro Stunde und Pferdekraft 6 Zollpfund Steinkohlen verbraucht, dies auf 1 Menschenkraft 1 Pfund Kohle und in 24 Stunden 24 Pfund Kohle beträgt. Der Mensch hat aber in 24 Stunden einschliesslich der Kraftentwicklung nur 490 Gramme Kohlenstoff verbraucht, während die Dampfmaschine 24 Zollpfund = 12000 Grammen verbrauchte. Die Dampfmaschine verbraucht also für dieselbe Kraftleistung $\frac{12000}{490}$ oder $24 1/2$ mal so viel Kohle, als die menschliche Maschine.

Zu einem ähnlichen Resultate kommen wir bei der Arbeit des Pferdes. Nach den Untersuchungen von Boussingault verbraucht ein Pferd in 24 Stunden $158 3/4$ bairische Loth Kohlenstoff[1]), die es als Kohlensäure von sich gibt. Das bairische Loth ist gleich $\frac{560}{32}$ oder 17,5 Gramme, also obige $158 3/4$ Loth = 2778,125 Grammen. Wenn ein Pferd 8 Stunden lang seine Kraft zu 510 Fusspfund pro Secunde ausübt, so hat es in einer Stunde, wie oben, 1836000 Fusspfund Arbeit geleistet, und in 8 Stunden 8mal so viel oder 14688000 W.-E. und diese sind $\frac{14688000}{1400}$

---

[1]) Da mir die Abhandlung von Boussingault nicht zur Hand ist, so nehme ich die von Liebig (Chemische Briefe II, 4) in bairisches Gewicht umgerechneten Zahlen desselben.

$= 10491$ W.-E. Da 1 Pfund Kohle 8080 W.-E. erzeugt, so beträgt diese Zahl in Pfunden Kohlenstoff ausgedrückt $\frac{10491}{8080}$ Pfund Kohlenstoff oder 727 Gramme, die auf Erzeugung von Kraft verwendet werden, und die Verhältnisszahl der zur Krafterzeugung verwendeten Kohlenmenge ergibt sich zu $\frac{727}{2778,125} = 26,2$ Procent der ganzen verbrauchten Kohlenstoffmenge, eine Zahl, welche mit jener bei dem Menschen berechneten sehr nahe übereinkommt. Man muss allerdings beachten, dass Pferdekraft und Menschenkraft keine absolut unwandelbare, sondern sehr von dem Subject und der Arbeit abhängige Grössen sind. Allein die Grössen 24,7 Procent und 26,2 Procent für Menschen- und Pferdekraft sind aus ganz von einander unabhängigen Kohlensäurebestimmungen hervorgegangen, und wenn wir annehmen, dass Pferd und Mensch einen gleichen Procentsatz ihrer Respirationsproducte auf Arbeit verwendet, so kann die Annahme, welche 1 Menschenkraft $= \frac{1}{6}$ Pferdekraft setzt, nicht weit von der Wahrheit abweichen. Vergleichen wir auch hier die ganze binnen 24 Stunden verbrauchte Kohlenstoffmenge, so beträgt dieselbe für ein Pferd obige 2778 Gramme, und für eine einpferdige Dampfmaschine $24 \times 6 = 144$ Pfund oder 72000 Gramme Kohlenstoff, und es verbraucht also die Dampfmaschine $\frac{72000}{2778} = 25,9$ mal so viel Kohlenstoff als das Pferd. Wenn wir nun auch in Rechnung ziehen, dass das Pferd nur 8 Stunden, die Dampfmaschine aber 24 Stunden, also 3 mal so lange arbeitet, so verbraucht auch dann die Dampfmaschine noch $\frac{25,9}{3}$ oder 8,6 mal so viel Kohlenstoff, als das lebende Thier für dieselbe Menge erzeugter Kraft.

Im Menschen und Pferd haben wir den Procentsatz des Brennmaterials, welcher für Kraft verwendet wird, zu 24,7 und 26,2 Procent gefunden. Es bleibt uns noch übrig, dieselbe Berechnung für die Dampfmaschine zu machen.

Die einpferdige Maschine verbraucht in 1 Stunde 6 Pfund $= 3000$ Grammen Kohlenstoff. Sie übt in einer Stunde eine Arbeit von 1836000 Fusspfund oder $\frac{1836000}{1400} = 1311$ W.-E. aus, und diese durch 8080 dividirt, geben $\frac{1311}{8080}$ Pfund oder 81 Gramme

Kohlenstoff. Es verhält sich also die auf Kraft verwendete Kohlenstoffmenge zu der im Ganzen verbrauchten wie 81 : 3000;
d. h. es werden in der Dampfmaschine nur 2,7 Procent des Brennmaterials auf Kraft verwendet und 97,3 Procent gehen als Wärme
mit dem Dampfe verloren. Wir erkennen aus allen diesen Resultaten das ungeheure Uebergewicht, · welches die Kraftentwicklung im Thiere gegen die in der Dampfmaschine hat.

In der calorischen und der Dampfmaschine wird die Kraft
durch Wärme vermittelst der Ausdehnung der Luft oder Wasserdampf erzeugt. Wir können mit Bestimmtheit sagen, dass dies in
dem Thiere nicht der Fall ist. Die aus der Verbrennung des Kohlenstoffs mit freiem Sauerstoff frei werdende moleculare Bewegung,
die wir gewöhnlich als Wärme wahrnehmen, nimmt im thierischen
Körper nicht erst die Form von Wärme an, um dann durch Ausdehnung einen Theil dieser Wärme in Bewegung umzusetzen. Im
thierischen Körper findet eine gleichmässige Temperatur statt,
es ist also keine Gelegenheit zur Erwärmung und Ausdehnung
gegeben. Der durch die Lungen aufgenommene Sauerstoff und
die durch die Oxydation des Kohlenstoffs entstehende Kohlensäure sind beide an dem Orte und in dem Augenblicke ihres Entstehens nicht gasförmig, sondern im Blute absorbirt, und können
also nicht die Ausdehnung der Gase zeigen. Wir müssen annehmen, dass die Umsetzung derjenigen Kraft, welche der Sauerstoff mehr als die daraus entstehende Kohlensäure enthält, in
dem Capillarsystem durch einen uns ganz unbekannten Vorgang
in gemeine bewegende Kraft vor sich gehe. Dass sich hierbei
die Muskelfaser contrahire, kann uns nicht zur Erklärung dienen,
sondern dies ist nur der nächste mechanische Vorgang, der selbst
der Erklärung bedarf. Es liegt übrigens auch nicht die geringste
Wahrscheinlichkeit vor, dass wir diesem Processe durch das Mikroskop näher kommen, denn sowohl Kräfte als Atome erscheinen
uns nicht in dem Gesichtsfelde. Die Erzeugung mechanischer
Bewegung aus chemischer Affinität im lebenden Körper ist ein ganz
besonderer Vorgang, der mit der Krafterzeugung aus Attraction
(Ebbe und Fluth), aus Wärme (calorische Maschine), aus Induction
(elektromagnetische Kraftmaschine) nicht zusammgestellt werden kann.

Die Krafterzeugung in unserm Körper ist bis zu einem gewissen Grade freiwillig und willkürlich, und wir bemerken, dass
die Wärmeentwicklung einen fast gleichen Schritt damit geht.

Durch Gehen, starkes Arbeiten, Sägen, Drehen an einer Kurbel erzeugen wir mehr Wärme, aber nicht durch die Bewegung selbst, denn diese geht nach aussen, und die von der Bewegung erzeugte Wärme kann nicht noch einmal im Körper selbst in Anschlag gebracht werden. Es muss also in der Natur des lebenden Körpers liegen, dass er neben der Bewegung auch eine entsprechende Menge Wärme erzeugen muss. Zu beiden bedürfen wir einer stärkeren Zufuhr von Nahrungsmitteln, Brennstoffen, welche durch beide Vorgänge verzehrt werden* und als Kohlensäure aus dem Körper entweichen.

Es liegen hierüber auch bestimmte Versuche vor. In einer Reihe von Respirationsversuchen ermittelten Pettenkofer und Voit an einem und demselben Manne, dass er binnen zwölf Stunden des Tages in der Ruhe als Mittel von sieben Versuchen 543 Gramme Kohlensäure ausathmete, binnen derselben Zeit Arbeit durch Drehen an einer Kurbel, die nach aussen ging, 881 Gramme, als Mittel von drei Versuchen. Es hat sich nun ferner herausgestellt, dass bei angestrengter Arbeit die Kohlensäureentwicklung in einem viel grösseren Verhältniss stieg, als die Stickstoffabsonderung, woraus die Ansicht hervorging, dass es nicht allein die Albumingebilde der Muskeln sind, welche durch die Kraftentwicklung in Abgang kommen, sondern dass gerade die stickstofffreien Bestandtheile der Nahrung, Stärke, Zucker, Fett, vorzugsweise an der Krafterzeugung betheiligt sind, wodurch eine neue Aehnlichkeit mit der Dampfmaschine hinzugetreten ist.

Der Sauerstoff wird dem im Körper erwärmten Brennstoffe im Blute absorbirt zugeführt, und wird durch die Kraftentwicklung verbraucht. Das seines Sauerstoffs durch diesen Vorgang stark beraubte Blut erregt in dem Körper das Gefühl von Athemnoth, von Ersticken (Dyspnoë), und dies erregt durch innere, uns unbekannte Eindrücke ein vermehrtes Athmen. Der einen Berg Ersteigende glaubt noch Kraft in seinen Beinen zu haben, allein es fehlt ihm, wie er meint, an Luft. Wenn das beschleunigte Athmen nicht mehr hinreicht, die nöthige Menge Sauerstoff zuzuführen, die zur Aufnahme auch eine gewisse Zeit erfordert, so tritt das Gefühl der Ermattung, der Erschöpfung, der Ohnmacht ein, und erst nach einer gewissen Zeit der Ruhe, wo also kein Sauerstoff zur Kraftentwicklung verbraucht wird, tritt wieder das Gefühl der Erholung ein. Die eigentliche Kraftquelle liegt also nicht in dem Nahrungsstoff, sondern in dem Sauerstoff, und der verbrennliche

Nahrungsstoff ist nur das Mittel, die in dem Sauerstoff als permanente Gasform liegende Bewegung oder Affinität in gemeine Bewegung oder Wärme umzusetzen. Die beim Ersteigen hoher Berge rasch eintretende Ermüdung stammt nicht allein von dem bereits verbrauchten Kraftvorrath des Körpers her, sondern wesentlich auch vón dem verminderten Sauerstoffzutritt in der mit der Höhe dünner werdenden Atmosphäre.

Der Sauerstoff des arteriellen Blutes ist die nächste Quelle jeder Kraft- und Wärmeentwicklung im Körper, und er wird durch beide Vorgänge verzehrt, wenn auch die Kraftentwicklung ohne alle Bewegung geschieht. Wer eine Last in der Hand trägt, muss für jeden Augenblick die Zugkraft der Schwere durch inneren Sauerstoffverbrauch ausgleichen; ausserdem muss er die Hand geschlossen halten, damit ihm die Last nicht entgleite. Ein Strick und ein fester Punkt würde Jahre lang denselben Dienst thun, für welchen der Mensch eine beständige Kraftvernichtung empfindet. Hängt er die Last an seinem Körper auf, so hat er wenigstens das Schliessen der Hand erspart.

Vor einer Reihe von Jahren producirte sich ein starker Mann, welcher die Zugkraft zweier Pferde aufhielt. Er lag horizontal mit dem Rücken nach oben gegen zwei eingerammte Pfähle mit den Füssen gestemmt, mit den Armen zwei andere feste Punkte umfassend. Zwei starke Gurten kreuzten sich über Brust und Schultern und vereinigten sich auf seinem Rücken in einem eisernen Ringe, woran die Pferde mit langen Seilen gespannt waren. Bei dem Antreiben der Pferde würde er rückwärts und aufwärts gezogen worden sein, wenn er nicht in seinem Körper eben so viel Kraft entwickelt hätte, um das Beugen seiner Knie und das Lüften seiner Brust zu verhindern. Die ganze Kraftanstrengung ging gegen die eingerammten Pfähle, welche widerstanden. Als der Versuch vorüber war, setzte er sich auf eine Bank und schnaufte so furchtbar nach Luft, dass er keine Antwort geben konnte, sondern mit den Händen nur abwehrend winkte. Hier war nun gar keine Bewegung eingetreten; weder die Pferde, noch der Mann waren vom Platze gekommen, und beide Theile waren erschöpft, der Mann allerdings am meisten, weil er nur eine Lunge, die beiden Pferde aber zwei und grössere hatten, welche den Sauerstoff zuführten.

Ein kräftiger Fussgänger nimmt in Arth oder Wäggis ein Beefsteak und eine halbe Flasche Wein zu sich und ersteigt den

Rigi. Wenn wir das Gewicht des Mannes zu 150 Pfund, und die Höhe des Rigi vom Ufer des Sees an zu 5000 Fuss annehmen, so hat er durch Ersteigung des Berges eine Arbeit von 5000×150 oder 750000 Fusspfund geleistet. Die Dampfmaschine würde für dieselbe Arbeit $\dfrac{6 \times 750\,000}{1\,836\,000} = 2{,}45$ Pfund Kohlenstoff verbraucht haben. Wenn wir die Nahrungsmittel des Mannes auf trockne Substanz reduciren, so kommen nur wenige Lothe heraus, wofür die Maschine fast $2\frac{1}{2}$ Pfund Kohle verbrauchte.

Alle diese Betrachtungen lassen uns auch hier das grosse Uebergewicht wahrnehmen, welches die natürlichen Einrichtungen gegen alle menschlichen Erfindungen haben. Der Flugapparat des Vogels, die Schwimmvorrichtungen des Fisches, das ajustirbare menschliche Auge, das Libellenauge, das thierische Herz und unzählige andere sind so vollendete mechanische Werkzeuge, dass wir kaum zur vollen Erkenntniss ihrer Vorzüge gelangt sind, und von der Nachahmung noch unendlich weit entfernt stehen. Es tritt durch obige Betrachtungen auch der Bewegung erzeugende Apparat des Thieres in die Reihe jener unbegreiflichen Wunder. Die Brieftaube fliegt in wenigen Stunden von Hamburg nach London, sie hat ihr ganzes Brennmaterial mit auf die Reise genommen, und die ganze Maschine wiegt kaum 1 Pfund. Während dieser langen Strecke hat sie die Schwerkraft der Erde, welche sie herabzog, durch Entwicklung innerer Kraft beständig im Gleichgewicht gehalten, und nach Zurücklegung des Weges hat sie nur wenige Lothe an Gewicht verloren. Wie armselig erscheint uns dagegen ein Luftballon, dem man durch innere Kraft eine Bewegung gegen ruhende Luft geben will? Wie weit muss man ein Fernrohr ausziehen, um einen nahen Gegenstand deutlich wahrnehmen zu können, und das menschliche Auge richtet sich innerhalb weniger Millimeter Bewegung auf die Sehfernen des Sirius und die Schrift eines Buches ein. Das blosse Erkennen der Natur ist die erhabenste Aufgabe des menschlichen Geistes.

Mechanische Theorie der Wärme,
Einheit der Naturkräfte und des Verfassers Antheil
an dieser Lehre.

Bekanntlich wird die mechanische Theorie der Wärme als eine der grössten Errungenschaften der neueren Zeit angesehen, und in der That ist sie das auch. Ihre Entwicklung fällt in die letzt verflossenen 30 Jahre. Ziemlich allgemein wird sie auf die berühmte Arbeit von J. R. Mayer in Heilbronn aus dem Jahre 1842 zurückgeführt, und obgleich dieselbe in Deutschland nicht zu allgemeiner Anerkennung kam, sondern wie die viel besprochene Schrift von Ohm unbemerkt liegen gelassen wurde, so gilt sie doch heute für die Grundlage der mechanischen Theorie der Wärme. Tyndall sagt darüber in seinem Werke „Die Wärme betrachtet als eine Art der Bewegung", deutsche Uebersetzung, S. 50: „Dr. Mayer aus Heilbronn in Würtemberg gab im Jahre 1842 (Liebig's Annalen, Bd. 42, S. 233) das genaue Verhältniss an, welches zwischen Wärme und Arbeit besteht. Er berechnete zuerst das „mechanische Aequivalent" der Wärme, und verfolgte dann das aufgestellte Princip in seine äussersten Consequenzen. Herrn Joule in Manchester verdanken wir jedoch allein die experimentelle Behandlung dieses wichtigen Gegenstandes, und ihm gebührt das Verdienst, zuerst einen entschiedenen Beweis für die Richtigkeit dieser Theorie geliefert zu haben. Herrn Joule's Versuche über das mechanische Aequivalent der Wärme dehnen sich vom Jahre 1843 bis 1849 aus."

Ich acceptire diese Aeusserung von Tyndall vollständig. Die Aufstellung des mechanischen Aequivalentes der Wärme ist ein Haupttheil der ganzen Lehre, aber erschöpft sie nicht. Mayer hatte (Liebig's Annalen 42, 240) das Aequivalent ausgesprochen und aus bekannten Thatsachen zu 365 Kilogrammometern berechnet. Dass diese Zahl nicht dieselbe ist, die wir jetzt annehmen (424 Kilogrammometer), benimmt dem Verdienste Mayer's nicht das Geringste; die Hauptsache war die Aufstellung des Satzes, dass die mechanische Bewegung ein Aequivalent in Wärme habe, dass eines aus dem anderen entstehe, dass beide also gleichartig sind, nämlich Bewegungen. Nachdem dieser Begriff einmal feststand, war die Bestimmung des Zahlenwerthes eine Sache des Experi-

mentes und ist von Joule in vortrefflicher Weise gelöst worden.
Tyndall bemerkt S. 50, dass Joule unabhängig von Mayer,
einzig mit diesem Gesetze beschäftigt, nicht entmuthigt durch
die Gleichgültigkeit, womit man, wie es scheint, seine ersten Arbeiten aufnahm, jahrelang seine Versuche fortgesetzt habe, um
die Unveränderlichkeit des Verhältnisses, welches zwischen der
Wärme und der gewöhnlichen mechanischen Kraft (Bewegung!)
besteht, zu beweisen. Da es in Deutschland üblich ist, dass bedeutende Arbeiten erst über das Ausland wandernd bei uns ihre
Anerkennung finden, wie auch Liebig's Agriculturchemie durch
deren glänzende Aufnahme in England erst in ihrem Vaterlande
ihre Würdigung fand, so kann man auch die jetzt in Deutschland allgemeine Anerkennung von Mayer's Arbeiten auf jene
Aeusserungen zurückführen, welche Tyndall in seinem Werke
über die Wärme als Form der Bewegung niedergelegt hat. Derselbe sagt S. 93:

„Mayer's erste Abhandlung enthält nur eine Andeutung des
Weges, auf welchem er das Aequivalent gefunden hat, aber nicht
die Details der Berechnung. Darin sprach er das Gesetz von
der Wandelbarkeit und Unzerstörbarkeit der Kraft aus und nahm
auf das mechanische Aequivalent der Wärme nur insofern Bezug, als es zur Erläuterung seines Grundsatzes diente. Die Abhandlung war offenbar eine Art vorläufiger Note, um das Datum
seiner Entdeckung festzustellen. Ihr Verfasser lag einem müh-
samen Berufe ob, und die sehr beschränkte Zeit, die er der
Wissenschaft widmen konnte, nöthigte ihn, sich gegen die Folgen
der Verzögerung zu sichern. Mayer's folgende Arbeiten verliehen der Theorie, welche sie ausführten, hohe Wichtigkeit. Im
Jahre 1845 veröffentlichte er einen Aufsatz über organische Bewegung, welche, wenn auch hier und da etwas daran auszusetzen
sein mag, im Ganzen doch ein Erzeugniss von ausserordentlichem
Werth und Bedeutung ist. Diesem folgten 1848 Beiträge zur
Dynamik des Himmels, in welchen er mit wunderbarer Kühnheit,
mit Scharfsinn und Ausführlichkeit die meteorische Theorie der
Sonne entwickelt. Und diesen folgte eine vierte Schrift im Jahre
1851, welche ebenso den Stempel geistiger Ueberlegenheit trägt.
Im Ganzen und Grossen genommen kann Dr. Mayer das Recht
nicht abgesprochen werden, als Mann von wahrem Genie in der
ersten Reihe unter den Begründern der dynamischen Theorie der
Wärme zu stehen."

Ich benutze diese Gelegenheit meinen deutschen Landsleuten diese ehrenvolle Anerkennung Mayer's noch einmal vor Augen zu führen und dieselbe meinerseits mit vollem Herzen zu unterschreiben, um so mehr, als ich aus einem Briefe eines Freundes, den ich nennen kann, von dem ich aber nicht die Erlaubniss habe, ihn öffentlich zu nennen, erfahren habe, dass die erste Abhandlung Mayer's weder von Poggendorf noch von anderen angenommen wurde, und dass man Mayer in Heidelberg und Karlsruhe für einen Narren erklärt habe. Zugleich bemerkt derselbe Gelehrte, dass der geistige Fortschritt von da bis heute ganz wunderbar erscheine. Indem ich die grossen Verdienste von Mayer und Joule in diesem Zweige der Wissenschaft mit vollem Herzen anerkenne, würde ich gegen mich selbst eine Ungerechtigkeit begehen, wenn ich nicht meine früheren Arbeiten, die durch einen besondern Umstand nicht zur allgemeinen Kenntniss gekommen sind, stillschweigend übergehen wollte. In meiner mechanischen Theorie der Affinität habe ich Seite 45 folgende Stelle:

„Im Jahre 1838[1]) schickte ich eine Abhandlung an Poggendorff, worin die Einheit aller Naturkräfte und die mechanische Theorie der Wärme noch vollständiger als oben[2]) auseinandergesetzt war, erhielt sie aber zurück, „weil keine neue Experimentaluntersuchungen darin enthalten wären." Ich schickte sie nun an v. Baumgartner in Wien, erhielt aber keine Nachricht darüber und weiss nicht, ob sie angekommen oder verloren gegangen ist. Ich kann mich also nicht darauf beziehen. Der obige Aufsatz ist aber gedruckt und ein Actenstück mit dem Datum."

Der Aufsatz war aber nicht verloren gegangen, sondern ist in Baumgartner's und v. Holger's Zeitschrift für Physik und verwandte Wissenschaften im 5. Bande von Seite 419 an mit einer ziemlichen Anzahl Druckfehler abgedruckt. Ich wurde darauf brieflich durch Hrn. Akin von Pesth aus aufmerksam gemacht, indem derselbe mir mittheilte, dass der Aufsatz sich in jenem fünften Bande befinde, und dass er eine Stelle daraus in seinem Aufsatze „On the History of force" im Philosophical Magazine citirt habe. Beim Nachschlagen fand ich diese Stelle, und da ich sie sogleich als eine eigene erkannte, hatte ich die Gewissheit, dass der Abdruck existire. Die Verlagshandlung von Heubner war unterdessen eingegangen, und die Reste von Exemplaren waren

---

[1]) Soll heissen 1837. — [2]) Annalen der Pharmacie 24, 141. Der Aufsatz ist in dem genannten Werke abgedruckt.

nicht mehr in Wien, sondern nach Leipzig gekommen. Directe
Nachforschungen in Leipzig blieben ohne Erfolg. Bei der Versammlung der deutschen Naturforscher in Dresden (Sept. 1868)
bat ich Hrn. Professor Hlasiwetz in der Bibliothek des Polytech-
nicums zu Wien nachzusehen, ob der fragliche Band diesen Aufsatz enthalte. Von demselben erhielt ich diesen Band unter dem
17 Oct. 1868 leihweise zugesendet, und er begleitete die Sendung
mit folgenden Worten:

„Ich beglückwünsche Sie zu dieser bedeutungsvollen Arbeit,
die Ihre Priorität in der Wärmefrage ganz ausser Zweifel stellt
und freue mich, zur Hebung dieses vergrabenen Schatzes mitge-
holfen zu haben.“

Unterdessen war auch Hr. Dr. Adolph Barth, der Verleger
von Poggendorff's Annalen, so freundlich, sich darnach umzu-
sehen, und verschaffte mir antiquarisch die sechs ersten Bände der
genannten Zeitschrift, die niemals eine grosse Verbreitung gefunden
hatte, und so bin ich wieder nach 31 Jahren in den Besitz des verlorenen Aufsatzes gekommen. Baumgartner ist unterdessen verstor-
ben, und ich kann es nur beklagen, dass er mir zu jener Zeit keinen
Extraabdruck, selbst nicht einmal eine Anzeige von der Aufnahme
geschickt hat. Wäre der Aufsatz in Poggendorff's Annalen aufgenommen worden, so hätte er eine grössere Verbreitung gefunden,
und es wäre nicht nothwendig geworden, dass ein englischer
Naturforscher dem Verfasser davon hätte die erste Nachricht
geben müssen. Ich kann mich über diese Zurückweisung Poggendorff's beruhigen, da auch der erste Aufsatz von J. R. Mayer,
welcher jetzt eine so hohe Anerkennung im Auslande gefunden
hat, von ihm nicht angenommen worden ist, und ich finde das
von Poggendorff ganz consequent, da auch der Aufsatz von
Mayer keine neue Experimentaluntersuchungen, aber eine Fülle
grossartiger und fruchtbarer Ideen enthielt. Es scheint, dass der
Herausgeber der deutschen Annalen von der Bedeutung der mechanischen Theorie der Wärme eine sehr geringe Meinung ge-
habt hat, da die erste Mittheilung von den Resultaten Joule's
erst im 73. Bande der Annalen (S. 479) vorkommt, also im Jahre
1848, während Joule seine Publicationen schon im Jahre 1843
begonnen hatte. Das deutsche Publicum der Annalen blieb also
fünf Jahre ausser aller Kenntniss von diesen wichtigen Arbeiten.
Von einer andern Arbeit Joule's, welche in den Philosophical
Transactions für 1850 enthalten ist, wurde in Poggendorff's An-

nalen erst vier Jahre später, im Ergänzungsband II, S. 601 (1854), eine Bearbeitung gegeben. Baumgartner's Zeitschrift war den Annalen von Poggendorff nicht ebenbürtig und hatte eine so geringe Verbreitung, dass es sehr schwierig war, jetzt noch ein Exemplar davon aufzutreiben.

Ich werde also hier einen getreuen Abdruck dieses Aufsatzes aus Baumgartner's Zeitschrift vorlegen, nur mit Verbesserung mancher sinnentstellender Druckfehler, welche wenigstens beweisen, dass er mir nicht zur Correctur vorgelegen hat. Eine Priorität durch Behauptung früherer Arbeiten und Erfolge beanspruchen zu wollen, halte ich für unzulässig, allein einen in einer wissenschaftlichen Zeitschrift gedruckten und mit dem Datum versehenen Aufsatz geltend zu machen, wird Niemand zurückweisen können, da sogar ungedruckte Aufsätze, wenn sie ein sicheres Datum haben, zu diesem Zwecke zugelassen werden.

Hat ein Naturforscher bei einer Akademie oder bei dem Herausgeber einer Zeitschrift durch einen verschlossenen Brief Datum genommen, so kann er nachher durch Oeffnung des Briefes seine Prioritätsansprüche beweisen; der zweite Entdecker kann aber dann mit Recht sagen, dass er von dem Inhalte des Briefes keine Kenntniss hatte und nicht haben konnte; das kann er aber bei einer regelmässig erscheinenden und Jedem zugänglichen Zeitschrift nicht sagen.

Wiederabdruck eines im Jahre 1837 in Baumgartner's und v. Holger's Zeitschrift für Physik und verwandte Wissenschaften Bd. V., S. 419 vom Verfasser veröffentlichten Aufsatzes.

Ueber die Natur der Wärme.

Von

Herrn Professor [1]) Mohr in Coblenz.

Die Erscheinungen der Wärme sind immer durch die Annahme eines Stoffes, den man Wärmestoff, Caloricum, nannte, erklärt worden. Das Zutreten und Entweichen dieses Stoffes musste

---

[1]) Anachronismus vor 30 Jahren; Zusatz von Prof. Baumgartner, wie aus dem Worte „Herrn" zu ersehen (1868). Die Anmerkungen sind jetzt hinzugefügt.

die Verschiedenheit der Erscheinungen bedingen. Alles nöthigte, diesem Stoffe eine absolute Imponderabilität zuzugestehen.

Durch die Versuche von Melloni über die strahlende Wärme sind unsere Kenntnisse über die Natur dieser Art von Erscheinungen sehr erweitert worden; wenn aber auch die meisten nur als Zusätze zu den schon vorhandenen Erfahrungen angesehen werden können, so ist doch einer unter ihnen, welcher auf eine entschiedene Weise eine Aenderung unserer Ansicht verlangt, nämlich die vielfach versuchte, wieder aufgegebene, und endlich bestimmt ermittelte Polarisation der Wärme. Sie ist bis jetzt der einzige factische Beweis, dass sich die strahlende Wärme nach Art des Lichtes, d. h. durch transversale Vibrationen fortpflanze.

Unter der Aegide dieses Grundversuches ist es kein grundloses Bemühen mehr, durch Induction und Analogie diese Ansicht auf die Erscheinungen der gemeinen oder geleiteten Wärme zu übertragen.

Es ist bekannt, dass diese Ansicht im Allgemeinen schon vielfach geäussert worden ist, und dass namentlich Graf Rumford dieselbe mit der grössten Bestimmtheit aussprach, ohne jedoch mit seiner sehr gewichtigen Stimme durchzudringen. Die folgenden Zeilen sollen nur die Uebereinstimmung dieser Ansicht mit den Erscheinungen der geleiteten Wärme als nothwendige Consequenz der ersten Idee erscheinen lassen, und darauf hinwirken, in der Wissenschaft eine schwankende unrichtige Nomenclatur durch eine passendere zu ersetzen.

Indem man also von vornherein den Begriff einer unwägbaren Substanz nicht statuirt, wird die Ursache der Wärme einer Kraft[1]) beigemessen, welche die ponderablen Stoffe in eine besondere Vibrationsbewegung versetzt, die unseren Sinnen als Wärme erscheint. Diese Kraft ist aber ihrer Natur nach durchaus nicht von der gemeinen mechanischen oder virtuellen Kraft verschieden.

Nach dieser Ansicht ist nun

1) ein warmer Körper ein solcher, dessen einzelne kleinste Theilchen sich in einer bestimmten Vibration befinden. Diese Vibration muss bei allen homogenen Körpern ohne besondere Structur, als in allen Richtungen des Raumes gleich angenommen

---

1) Sollte jetzt an dieser und ähnlichen Stellen Bewegung heissen.

werden. So wie aber die Fortpflanzung der strahlenden Wärme in krystallisirten Körpern in verschiedenem Sinne ungleich ist, so findet etwas Aehnliches auch bei der geleiteten Wärme Statt. Es ist dies nämlich die bekannte Entdeckung Mitscherlich's, dass sich gewisse Krystalle bei der Erwärmung nach verschiedenen Achsen ungleich ausdehnen, oder nach dieser Ansicht, dass das Vermögen, die Wärmevibrationen anzunehmen, bei Körpern von bestimmter Structur in verschiedenen Richtungen ungleich sein könne; diese hier bezüglichen Fälle ausgenommen, sind die Wärmevibrationen in jedem Sinne gleich, so dass ein erwärmter Körper in allen Dimensionen des Raumes sich gleich ausdehnt.

2) Die Fortpflanzung der Wärme durch Contiguität ist darnach eine Mittheilung einer Bewegung durch Anstoss, und das Abkühlen ein relatives zur Ruhe kommen.

Was die Anzahl der Wärmevibrationen betrifft, so müssen sie den Lichtvibrationen nahe kommen, weil sie bei der Glühhitze in einander übergehen; sie geht also in die Billionen für die Secunde.

3) Die Imponderabilität der Wärme, welche so grosse Schwierigkeiten veranlasst, fällt nun ganz weg; denn da die Wärme nur eine Bewegung, ein vorübergehender Zustand ist, und ein vibrirender Körper eben so schwer wie ein ruhender sein muss, so ist auch ein warmer so schwer wie ein kalter.

4) Der sogenannte absolute Nullpunkt ist demnach absolute Ruhe der kleinsten Theilchen; zwar in Wirklichkeit uns nicht bekannt, aber im Begriff keine Schwierigkeiten darbietend. Nach aufwärts hat die Wärme keine Gränze.

5) Die Wärme erscheint in unzähligen Fällen als eine Kraft.

Die Cohäsion der Körper ist eine Kraft; wir bedürfen einer Kraft, um die Cohäsion aufzuheben, durch Feilen, Sägen, Reiben etc. Die Wärme hebt ebenfalls die Cohäsion der Körper auf, was aber eine Kraft aufhebt, muss selbst eine Kraft[1]) sein. Dieser Schluss ist sehr wichtig, denn es gibt keinen einzigen Fall in der Natur, wo man eine Kraft anders als durch Entgegenstellung einer andern Kraft aufhöbe. Der Ambos, welcher die Kraft des Hammers bricht, wirkt durch seine Cohäsionskraft, denn ohne diese würde der Hammer in ihn eindringen. Die Wärme hebt

---

[1]) Bewegung.

die stärkste Cohäsion auf, sie ist also eine Kraft von ungeheurer Grösse. Wir können die Metalle, das Glas etc. nicht anders bearbeiten, als dass wir ihre Cohäsion durch Wärme entweder schwächen oder aufheben.

6) Die Ausdehnung starrer, flüssiger und gasförmiger Körper durch Wärme; diese sind Krafterscheinungen von der ungeheuersten Grösse, und durch die Wärme veranlasst, was aber eine Kraft hervorbringt, muss selbst eine Kraft sein.

7) Die Ausdehnung der festen Körper durch Wärme ist demnach nichts als eine vergrösserte Vibrations-Amplitude, ohne dass die Theile aus der Anziehungssphäre der Cohäsion kommen. Die Vergrösserung des Volums hat nach dieser Erklärung keine Schwierigkeit, da sie hingegen durch Dazwischentreten eines unwägbaren Stoffes, der also auch keinen Raum einnimmt, gar nicht begriffen werden kann.

Es dehnen sich also durch Erwärmen die Körper selbst nicht aus, sondern ihr Umfang vermehrt sich nur durch erweiterte Wärmevibrationen.

Die Kraft, womit sich die festen Körper ausdehnen, ist ungeheuer gross, so gross als der Widerstand, den sie der Compression oder Raumverminderung entgegensetzen, denn diese Raumverminderung ist nichts weiter als eine durch äussere Gewalt verminderte Excursionsweite der Wärmevibrationen. Beim absoluten Nullpunkte sind die Körper auch absolut incompressibel. Sie lassen sich um so mehr comprimiren, je wärmer sie sind, die Gasarten am meisten.

8) Die Ausdehnung der Flüssigkeiten durch Wärme ist eben so zu betrachten; die Kraft ist sehr gross, doch können wir sie überwältigen.

Das Wasser lässt sich an sich nicht zusammendrücken, denn die darüber bekannten Versuche gelten nur vom Umfange des Wassers. Wenn das Wasser um 1⁰ C. erwärmt wird, so dehnt es sich nach Versuchen um 0,00466[1]) seines Raumes aus; drückt man das Wasser mit der Last einer Atmosphäre, so vermindert es seinen Umfang um $\dfrac{48}{1000000}$ seines Raumes; wollte man den

---

[1]) Es ist mir nicht mehr erinnerlich, woher ich damals diese unrichtige Zahl genommen habe. Die Ausdehnung des Wassers ist für jeden Grad des Thermometers eine andere, beim Maximum der Dichte am kleinsten (0,000011) und dann immer steigend, so dass sie bei 40⁰ für einen Grad um

Raum des Wassers durch Erwärmung um 48 Milliontheile vergrössern, so bedürfte man nach dem angeführten Ausdehnungsquotient nur $\frac{1}{97}$° C. Erwärmt man nun das Wasser um $\frac{1}{97}$° C. und drückt es mit einer Atmosphäre zusammen, so heben sich beide Wirkungen in Bezug auf Umfangsveränderung auf. Wird demnach Wasser um $\frac{1}{97}$° C. erwärmt, so übt es eine Gewalt aus, die auf absolutes Maass reducirt dem Drucke einer Atmosphäre gleich ist; erwärmt man Wasser um 1° C., so übt es eine Gewalt von 97 Atmosphären aus; durch 10° C. von 970 Atmosphären; man sieht also, dass man durch Erwärmung von Flüssigkeiten die ausserordentlichsten Kräfte hervorbringen kann, obgleich sie bei allem dem nicht unendlich, sondern begränzt sind.

9) Die anomalen Erscheinungen beim Wasser und Schwefel sind Schwierigkeiten unterworfen, allein sie sind es auch bei der älteren Ansicht und noch bedeutend mehr; sie sind jedoch nicht erheblich genug, um sich davon zurückschrecken zu lassen.

10) Wenn ein Körper aus dem festen in den flüssigen Zustand übergeht, so wird Wärme gebunden, latent, wie man es nennt. Es ist aber nicht einzusehen, wie die Wärme in einem Körper vorhanden sein könne, ohne in demselben mit unseren Sinnen bemerkt zu werden. Man fügt als Erklärung hinzu, dass der Körper in den geschmolzenen Zustand übergegangen sei, allein dies ist keine Erklärung, sondern nur die Wiederholung des Factums, welches erklärt werden soll. Die Erklärung der Erscheinung ist nach meiner Ansicht folgende: wenn die Wärmekraft [1]) dazu verbraucht worden ist, eine andere Kraft (die Cohäsion) zu zerstören, so muss sie selbst als Kraft [1]) aufhören bemerkbar zu sein; demnach ist jedes Latentwerden von Wärme mit Veränderung des Aggregatzustandes, d. h. mit Vernichtung materieller Kräfte verbunden. Obgleich nun das Schmelzen als simultane Erscheinung mit Recht im Zusammenhange mit dem Verschwinden der Wärme

---

0,000369 steigt. Nehmen wir die mittlere Ausdehnung für die ersten 36° von 4° — 40° $= \frac{0,007813}{36} = 0,000217$, so würde diese Ausdehnung einer Zusammendrückung von $\frac{0,000217}{0,000048} = 4\frac{1}{2}$ Atmosphären entsprechen. Es verändern sich dadurch die Zahlen, aber nicht die Schlüsse.

[1]) Bewegung.

angesehen wurde, so steht doch diese Erklärung der älteren Ansicht durchaus nicht zu Gebote, weil ein Stoff nicht im Stande sein kann, eine Kraft aufzuheben.

11) Ein geschmolzener Körper kann nicht wieder erstarren, ohne dass die ihm zur Vernichtung seiner Cohäsion mitgetheilte Kraft an einen anderen Körper abgegeben werde; dies ist die ganz einfache Ansicht vom Freiwerden der Wärme. Dass die beim Erstarren frei werdende Wärme der beim Schmelzen latent gewordenen absolut gleich sein müsse, liegt in der Natur der Sache; denn **von einer Kraft lässt sich ebenfalls Rechenschaft geben wie von einem wägbaren Stoffe; man kann sie theilen, davon abziehen, dazu fügen, ohne dass die ursprüngliche Kraft verloren ginge, oder sich in ihrer Quantität ändere** [1]), und dies ist auch der Grund, warum alle Wärmeerscheinungen ohne absoluten Widerspruch auch durch Annahme einer Materie erklärt werden können.

12) Bei der Gasbildung findet ein ähnliches Verhalten Statt, denn die Flüssigkeit besitzt noch eine gewisse Cohäsion; um diese zu vernichten, muss ein Theil Wärme verbraucht, und als solche unbemerkbar werden. Bei der Zurückführung des Dampfes in den flüssigen Zustand wird diese Kraft wieder disponibel, sie wirkt also wieder als Wärme, indem sie andere Körper (das Thermometer, die Hand) in Vibration setzen kann. Ein Gas [2]) ist demnach ein Körper, dessen Theile so heftig vibriren, dass sie sich fortwährend von einander abzustossen streben, und daraus ist erklärlich, dass jede Gasart durch ihre blosse Gegenwart wie eine perpetuirlich wirkende Kraft angesehen werden kann, und sich auch als solche äussert.

13) Die Definition der drei Aggregatformen ist bei diesem Zusammenhange folgende:

Ein fester Körper ist ein solcher, bei dem die Grösse der Vibrationen die einzelnen Theilchen nicht aus der Anziehungssphäre der Cohäsion bringt.

Ein flüssiger Körper ist ein solcher, wo die in Vibration begriffenen Theile sich so weit von einander entfernen, dass sie

---

[1]) Die gross gedruckte Stelle enthält in sehr bestimmter Form die Unzerstörbarkeit, also die Erhaltung der Kraft ausgesprochen, und zwar zunächst von der Wärme, aber ganz allgemein auf jede Kraft übertragen.

[2]) Die späteren Definitionen von Gas besagen nichts anderes als diese Stelle.

nur zu einem sehr geringen Theile innerhalb dieser Gränze kommen.

Ein gasförmiger Körper ist ein solcher, bei welchem die Vibration so erweitert ist, dass die Theile gar nicht mehr innerhalb dieser Anziehungsgränze kommen und sich nur abstossen. Zwingt man sie aber dennoch innerhalb der Gränze zu kommen, so ziehen sie sich wieder an und erscheinen wieder als Flüssigkeit; dies ist die Liquidifaction der Gasarten · durch Druck [1]).

14) Es findet nun noch ein wesentlicher Unterschied zwischen der Gasform und den beiden anderen Aggregatzuständen Statt. Bei den festen und flüssigen Körpern entspricht jeder Temperatur eine gewisse Ausdehnung, oder jeder Anzahl von Vibrationen eine gewisse Grösse der Excursionen, bei der Gasform aber ist ein Bestreben vorhanden, für jede Anzahl von Vibrationen deren Grösse ins Unendliche zu erweitern. Die Gase äussern demnach immer ein Bestreben, sich auszudehnen, welches als Spannung erscheint, die festen und flüssigen Körper aber nicht, wenn sie sich frei auszudehnen nicht räumlich verhindert werden.

15) Wird ein Gas plötzlich ausgedehnt, so ist die Erscheinung, welche dieses Factum begleitet, eine Temperatur-Erniedrigung; man erklärt dies durch die vermehrte Wärmecapacität, wobei die falsche Vorstellung zu Grunde liegt, als wenn in den vergrösserten Zwischenräumen des Gases mehr Wärme aufgenommen werden könne. Dies ist aber im Widerspruche mit allen anderen Wärmeerscheinungen; denn die Wärme kann nur an der ponderablen Substanz wahrgenommen werden, und kann nicht in den leeren Zwischenräumen sich befinden, indem sonst die Erscheinungen der Wärmeleitung eine Absurdität wären.

Wenn aber die Lehre von der sogenannten vermehrten Wärmecapacität richtig wäre, so müsste ein verdünntes Gas beim Zusammendrücken mehr Wärme entwickeln, als ein dichtes, und der luftleere Raum müsste die allermeiste Wärme beim Zusammendrücken ausgeben, wogegen aber die Erfahrung zeigt, dass der

---

[1]) Die Aenderung der Aggregatzustände zeigt sehr schön die Wirkung einer Kraft auf eine Bewegung. Cohäsion als Kraft wird verbraucht, wenn die Bewegung der Wärme hinzukommt. Die Wärme ist im geschmolzenen oder verdampften Körper keine Wärme mehr, weil sie nicht mehr auf das Thermometer wirkt; dagegen ist sie eine Bewegung anderer Art geworden, nämlich chemische Bewegung. Die Flüssigkeit ist eine chemische Qualität des Körpers.

luftleere Raum gar keine Wärme ausgibt, ein dichtes Gas aber mehr als ein verdünntes. Wir können die Wärme demnach nicht in die leeren Zwischenräume der Materie placiren, und wenn sie, wie auch die übrigen Imponderabilien nichts als eine Kraft, als ein vorübergehender Zustand der Materie ist, so erscheint es als eine Nothwendigkeit, dass diese Stoffe nur an der ponderablen Substanz beobachtet werden können.

Für unseren besondern Fall ergibt sich aus dieser Ansicht eine consequente Erklärung.

Wenn der Raum eines Gases plötzlich vergrössert wird, so müssen die einzelnen Theile der Materie, um sich noch abstossend zu berühren, grössere Vibrationen machen, dazu gehört aber auch eine grössere Kraft, und da dieselbe nicht gegeben ist, so wird ein Theil derjenigen Kraft, welche die Vibrationsanzahl (Temperatur) bedingt, dazu verbraucht, um das entstandene Deficit in der Vibrationsweite zu ersetzen; indem also die Anzahl der Vibrationen abnimmt, muss eine Temperaturerniedrigung eintreten. Es wird also hier wie man sonst nennt, die latente Wärme vermehrt und die sensible vermindert.

Es ergibt sich hieraus ein sehr strenger Unterschied zwischen latenter und sensibler Wärme.

Sensible Wärme ist solche, welche eine Vermehrung der Vibrationsanzahl zur Folge hat; latente ist solche, welche ohne die Anzahl der Vibrationen zu ändern, nur auf die Grösse der Excursionen, oder auf die Veränderung des Aggregatzustandes Einfluss hat, und in diesem Sinne ist der Unterschied von Eis und eiskaltem Wasser, zwischen Dampf und kochendheissem Wasser, welche je zwei unser Gefühl gleich afficiren, festzustellen.

16) Wird ein Gasvolum plötzlich zusammengedrückt, so werden die wägbaren Theilchen einander genähert, und haben keine so grossen Wege mehr zu machen, um einander noch abstossend zu berühren. Es entsteht dadurch ein Ueberschuss von derjenigen Kraft, welche auch die Anzahl der Vibrationen bedingt, und da dieselbe im Augenblicke nicht entfernt werden kann, so muss sie sich in eine vermehrte Vibrationsanzahl verwandeln, die Temperatur also gesteigert werden (pneumatisches Percussionsfeuerzeug) [1].

---

[1] Tyndall hat in seinem Werke über die Wärme (S. 19 und 20) ebenfalls die Abkühlung der Gasarten bei Ausdehnung und die Erwärmung bei Zusammendrückung als Beispiel herangezogen, und erklärt die Erscheinung

17) Mit der vermehrten Anzahl der Vibrationen (Temperatur in Graden) nimmt auch die Grösse der Vibration in einem bestimmten, durch Versuche ermittelten Verhältniss zu. Zu grossen Excursionen gehört aber eine grössere Kraft als zu kleinen, und es entsteht hieraus die constatirte Erfahrung, dass die Wärmecapacität der Körper mit der Temperatur zunimmt. Man braucht also mehr Wärme, um Wasser von 90⁰ auf 100⁰ zu erwärmen, als von 0⁰ auf 10⁰, weil für eine gleiche Anzahl hinzukommender Vibrationen die Excursionsweite zwischen 90⁰ und 100⁰ grösser ist, als zwischen 0 und 10⁰, und also auch dazu eine grössere Kraft (mehr Wärme) gehört. Die Zunahme der Wärmecapacität hat also einen ähnlichen Grund, wie das Latentwerden der Wärme beim Schmelzen und Verdunsten, nur dass die Quantitäten der so verschwindenden Wärme sehr verschieden sind. Man kann demnach voraussagen, dass alle Körper, welche sich durch Erwärmung ausdehnen, auch eine zunehmende Wärmecapacität zeigen werden, und zwar wird diese um so grösser sein, ein je grösserer Bruch der Ausdehnungsquotient selbst ist. Die Mischungsmethode von de Luc ist jedoch nicht empfindlich genug, um dies beim Wasser nachzuweisen.

18) In der Nähe des Schmelzpunktes dehnen sich die festen Körper rasch und unregelmässig aus; hierbei wird viel Wärme latent, am meisten aber im Augenblicke des Schmelzens, wo auch häufig eine sehr grosse Ausdehnung stattfindet. Jedoch ist hier die Ueberwindung der Cohäsion viel bedeutender, so dass in vielen Fällen die Wärme beim Schmelzen zweifach latent wird, durch Ausdehnung und durch Besiegung der Cohäsion (Schwefel, Zinn, Blei etc.), in einem Falle aber nur durch das Letztere, nämlich

---

in der Art, dass bei Ausdehnung die Gasarten selbst die Arbeit leisten, bei Zusammendrückung in der Düse des Blasebalgs aber die Arme des den Blasebalg führenden. Diese Erklärung ist richtig, aber nicht so bestimmt und scharf, als die von mir in 15) und 16) gegebene. Die Vergrösserung und Verkleinerung der Vibrationsamplitude ist der eigentliche mechanische Grund, warum im ersten Falle Bewegung verbraucht, also Wärme latent, im letzteren aber Bewegung frei, also Wärme entbunden wird. Von da an, wo die Düse des Blasebalgs aufhört, findet Ausdehnung der Luft, also Abkühlung statt. Könnte man die in der Düse comprimirte Luft schnell auf die Temperatur der Umgebung abkühlen, so würde auch der Blasebalg kalt gegen die Thermosäule blasen. Die beim Blasebalge an der Thermosäule sich kundgebende Wärme stammt noch von der Compression im Inneren der Düse ab, sie ist also nur die Differenz gegen die Abkühlung vor der Düse.

beim Wasser, welches sich beim Schmelzen zusammenzieht, und dadurch etwas Wärme entwickelt, oder richtiger die Summe der latent werdenden Wärme etwas vermindert.

19) Nahe am Siedepunkte dehnen sich die Flüssigkeiten ebenfalls rasch und unregelmässig aus, offenbar mit gesteigerter Wärmecapacität, und da nun nahe am Schmelz- und Siedepunkte das Verhältniss der Grösse der Vibrationen zu ihrer Anzahl nicht mehr regelmässig bleibt, so können in diesen Zuständen die festen und flüssigen Stoffe nicht mehr zu thermometrischen Angaben dienen; die Gasarten, welche diese beiden Stadien überstanden haben, dehnen sich regelmässig aus, weil es keinen anderen Zustand mehr gibt, in den sie übergehen könnten, allein eine vermehrte Wärmecapacität müssen sie unmaassgeblich haben, so schwer es auch sein wird, dieselbe durch Versuche nachzuweisen.

20) Die Vibrationsweite der Dämpfe ist viel bedeutender, als die der starren und flüssigen Körper, und so ist auch die Quantität der verschwindenden Wärme bei der Dampfbildung grösser, als beim Schmelzen der Körper (beim Wasser wie 550 zu 75, also $7\frac{1}{3}$mal so viel), da aber die zu überwindende Cohäsion der Flüssigkeit geringer ist, als die des festen Körpers, so steht die bei der Dampfbildung latent werdende Wärme zu jener beim Schmelzen nicht im Verhältniss der räumlichen Ausdehnung in den beiden Fällen. Man könnte sagen, wenn die Zahl 75 die Cohäsion des Eises darstellt, da stellt die Zahl 550 die Cohäsion des Wassers bei 100° und dessen 1700fach vergrösserte Vibrationsweite vor. Könnte man die letztere Grösse in Graden des 100theiligen Thermometers bestimmen, so wäre die Möglichkeit gegeben, die Cohäsion des Wassers im Vergleich zu der des Eises mit Zahlen festzustellen, aus den Wärmequantitäten, die zur Ueberwältigung jeder Einzelnen gebraucht werden.

21) Ueberhaupt ist das Verhältniss zwischen Härte und Schwerschmelzbarkeit, trotz vielen Ausnahmen, nicht zu' übersehen. Der Diamant ist der härteste und zugleich der unschmelzbarste Körper, das Quecksilber das weichste und schmelzbarste Metall; das Kalium ist sehr weich und sehr schmelzbar, das Natrium härter und schwerer schmelzbar als Kalium; Blei und Zinn sind weich und auch sehr schmelzbar; das Glas ist um so härter, je schwerer es schmilzt. Mehrere scheinbare Ausnahmen fügen sich sehr gut, z. B. der Stahl ist härter und leichter schmelzbar als Stabeisen, man muss aber bedenken, dass der Stahl diese

Härte verliert, ehe er ans Schmelzen kömmt, dass er schon in einer starken Rothgluth viel weniger cohärent ist als Stabeisen, indem er auf dem Ambos zerstiebt, während Stabeisen noch gut zusammenhält.

Die ausserordentliche Beweglichkeit flüssiger Substanzen, wie Aether, Schwefelkohlenstoff, verdichtetes Schwefelwasserstoffgas, ist eine verminderte Cohäsion, ein Bestreben zur Gasbildung, welches die ausgesprochene Meinung bestätigt.

22) Wird eine Gasart stärker erhitzt, so nehmen ihre Vibrationsweiten mit der Anzahl der Vibrationen zu, verhindert man aber die Ausdehnung des Gases, so erscheint sie als vermehrte Spannung; man bedarf also eine geringere Quantität Wärme, um ein eingeschlossenes Gas zu erwärmen, als ein solches, welches seinen Raum so ausdehnen kann, dass die Spannung immer gleich bleibt. Weil das eingeschlossene Gas seine Vibrationen nicht vergrössern kann, wird auch dazu keine Kraft verbraucht; eben so würde bei festen und flüssigen Körpern die Erscheinung der vermehrten Wärmecapacität wegfallen, wenn man dieselben durch eine äussere Gewalt an der Ausdehnung verhindern könnte; da wir aber diese Gewalt wegen ihrer Grösse nicht anwenden können, so ist es uns eben so unmöglich, einen flüssigen Körper durch blossen Druck zum Erstarren zu bringen, als denselben, wenn er fest ist, durch äussere Gewalt am Schmelzen zu hindern. Absolut unmöglich ist es aber nicht, und es liegt kein Widerspruch in der Ansicht, dass man durch noch grössere mechanische Gewalten auch den flüssigen Zustand in den starren werde verwandeln können[1]). Die Zusammendrückung des Wassers im Oersted'schen Piezometer ist eine entfernte Annäherung zum Erstarren. Die Ausdehnung der Gasarten, die uns als Spannung erscheint, können wir durch mechanische Mittel bis zu einem gewissen Grade fesseln, und es steht auch hier nichts der Ansicht entgegen, dass man durch noch stärkere Drucke ohne Abkühlung auch die bis jetzt noch permanenten Gasarten (Sauerstoff, Stickstoff, Wasserstoff etc.) werde in den flüssigen und zuletzt sogar in den festen Zustand überführen können, wie es mit koh-

---

[1]) Es ist hier die durch starken Druck hervorgebrachte Erstarrung des eben geschmolzenen Wallraths und Paraffins, welche Bunsen im Jahre 1850 (Pogg. 81, 562) ausführte, 13 Jahre vorher aus der mechanischen Theorie der Wärme vorausgesagt worden.

lensauren, Cyangas, und den übrigen durch Faraday schon für den mittleren Aggregatzustand geschehen ist.

23) Der Begriff der specifischen Wärme lässt sich in der Art deutlich machen. So wie eine Metallsaite und eine Darmsaite ungleiche Kräfte verlangen, um zu derselben Vibrationsweite und Anzahl angezogen zu werden, so werden ungleiche Quantitäten von Kräften erfordert, um gleiche Gewichte ponderabler Substanz in dieselbe Vibration zu versetzen. An das von Dulong und Petit entdeckte Gesetz, wenn es wirklich in Wahrheit gegründet, dass die specifischen Wärmequantitäten der elementaren Stoffe sich umgekehrt wie ihre Atomgewichte verhalten, schliesst sich die grosse Entdeckung Faraday's der bestimmten elektrolytischen Action unmittelbar an, und es geht daraus der allgemeine Satz hervor: die äquivalenten Gewichte chemischer Elemente enthalten bei gleicher Temperatur gleichviel Wärme, gleichviel Elektricität, und bedürfen gleicher Mengen Elektricität, um aus ihren Verbindungen ausgeschieden zu werden, oder was dasselbe ist, besitzen gleich grosse chemische Affinität[1]). Dulong und Petit fanden ihr Gesetz vor Faraday's Entdeckung der festen Elektrolyse, dieser hat keine besonderen Seitenblicke auf die Entdeckung der französischen Physiker geworfen, dennoch scheinen diese beiden Gesetze sich zu bestätigen, und wenigstens eine sehr grosse Aehnlichkeit in der Natur der Elektricität und Wärme anzudeuten.

24) Die Durchsichtigkeit der Gase auch von undurchsichtigen Stoffen (Quecksilber, Kalium) kann leicht versinnlicht werden. Wenn ein Rad mit Speichen rasch um seine Achse bewegt wird, so können die hinter dem Rade befindlichen Gegenstände deutlich wahrgenommen werden, und zwar um so leichter, je rascher die Rotation ist; sind nun aber die Speichen selbst durchsichtig, wie die Theilchen eines Gases, so müssen sie für das Auge ganz verschwinden, der Raum, den sie einnehmen, also durchsichtig erscheinen. Nun aber sind alle diese Bewegungen unendlich langsamer, als die Wärmevibrationen der Körper, und die ponderable Substanz in den Gasen ist sehr gering, so dass sie selbst im comprimirten Zustande uns durchsichtig erscheinen müssen. Sind die Theilchen des Gases selbst gefärbt, so erscheint auch das Gas gefärbt, wie Chlor-, Jod- und Bromgas. Wird ein mit Jodgas erfüllter Raum erweitert, so scheint das

---

[1]) Hat sich nicht bestätigt.

Gas lichter, weil nun in jedem einzelnen Punkte des vermehrten Volums weniger Theilchen schwingen können.

Ich setze diese Ansicht an die Stelle der bekannten Dalton'-schen Erklärung der Gasform, wo die ruhende materielle Substanz wie ein Kern mitten in einer Atmosphäre von Wärme schweben soll. Es ist nicht einzusehen, wie ein so unkörperlicher Stoff, wie die Wärme nach der älteren Ansicht ist, im Stande sein könne, materielle Massen auseinander zu halten, ferner wie die Wärme in dem von materieller Substanz leeren Interstitien sich aufhalten könne, während sie im absoluten Vacuum nicht vorhanden sein kann und nicht ist. Ist aber die Gasform nichts als die erweiterte Vibration ponderabler Substanz durch eine Kraft hervorgebracht, so ist deutlich, warum die Dichtigkeit eines Gases an allen Stellen dieselbe sein muss, weil sich die Theile gleichförmig abstossen, und warum im luftleeren Raume durch Erweiterung desselben weder Kälte noch durch Verminderung desselben Wärme hervortreten könne, da im leeren Raume keine Substanz vorhanden ist, welche Träger einer Kraft sein kann.

25) Die Wärme erscheint besonders in dem Erweise des Mariotte'schen Gesetzes als eine mechanische Kraft, wie es schon oben (8) für feste und flüssige Körper nachgewiesen worden ist. Die Ausdehnung der Gase wird hier durch den mechanischen Druck des Quecksilbers gezügelt und gemessen. Werden die Excursionsweiten der permanenten Gase auf die Hälfte vermindert, so erscheint die Spannung auf das Doppelte vermehrt; wird die Anzahl der Vibrationen vermehrt, so erscheint auch die Spannung nach einem bestimmten Gesetze gesteigert, und zwar wie bekannt für 1° C. um 0,00375.

Wird ein Gas von 0° bis 100° C. erwärmt, so nehmen seine Vibrationen an Ausdehnung um 0,375 oder kurz um $1/_3$ zu, wird dieser Raum nicht gestattet, so erscheint die Spannung um $1/_3$ vermehrt. Die Ausdehnung der Gasarten durch Wärme und das Mariotte'sche Gesetz sind also zwei identische Erscheinungen, von derselben Ursache abhängig.

26) Ein mit Dampf gesättigter Raum, wenn in demselben keine unverdampfte Flüssigkeit mehr enthalten ist, folgt demselben Gesetze bei Erwärmung.

27) Wird ein mit Dämpfen gesättigter Raum, worin sich noch Flüssigkeit befindet, stärker erhitzt, so wird die Spannung bedeutend vermehrt, und zwar 1) weil mit der vermehrten Vibra-

tionsanzahl des vorhandenen Gases auch das Bestreben, deren
Amplitude zu erweitern wächst, nach der Gay-Lussac'schen,
Dalton'schen oder Rudberg'schen Zahl, oder, was dasselbe ist,
wenn man diese Zahl kennt, nach dem Mariotte'schen Gesetz,
und 2) weil die Summe der vibrirenden Partikel vermehrt wird,
welche alle das Bestreben besitzen, diese erweiterten Vibrationen
zu vollbringen.

Kennt man die Quantität der dazu aufgenommenen flüssigen
Substanz, oder, was dasselbe ist, die Dichtigkeit des gesättigten
Dampfes bei der erhöhten Temperatur, so kann man daraus die
vermehrte Spannnng berechnen. Man berechnet zwar lieber die
Dichtigkeit aus der Elasticität, weil sich die letztere leichter
beobachten lässt; da man jedoch auch unmittelbar die Dichte
der Dämpfe messen kann, und dieselbe sich mit jener Berechnung übereinstimmend gezeigt hat, so ist in dieser Darstellung,
obgleich sie das Ánsehen eines Kettenschlusses hat, doch keine
Unrichtigkeit.

Die Dichtigkeit des Wasserdampfes bei 0° C. ist nach der
Arzberger'schen Tabelle in Prechtl's technologischer Encyklo-
pädie, 3ter Band Seite 497, gleich 0,0000037, das Wasser = 1 gesetzt,
bei 100° ist sie 0,0005890, sie verhält sich also bei 0° zu der bei
100° C. wie 1 : 159; die Spannung bei 0° C. ist = 0,128 par. Zoll
bei 100° C. = 28,001 par. Zoll, also wie 1 : 218,7. Es soll nun
aus der vermehrten Dichtigkeit und aus dem Mariotte'schen
Gesetze die vermehrte Spannung nachgewiesen werden. Der Wasserdampf bei 0° C. enthält in 10 Millionen Raumtheilen 37 Theile
ponderabler Substanz; werden diese 37 Theile von 0° bis 100° C.
erwärmt, so vermehren sie ihre Vibrationsamplitude um 0,375
ihres Raumes, da dieser jedoch nicht nachgibt, so vermehrt sich
die Spannung um 37 mal 0,375 oder um 13,9. Der Wasserdampf
von 100° C. enthält in demselben Raume 5890 wägbare Theile,
also 5853 Theile mehr als jener von 0° C. Diese 5853 Theile
würden bei 0° die Spannung um dieselbe Grösse vermehren; da
sie jedoch auch die vergrösserte Vibrationsamplitude von 100° C.
zu besitzen streben, so steigt die Spannung noch um 0,375 mal
5853 oder 2194,87; so dass, wenn die Spannung bei 0° C. durch
die Quantität der ponderablen Substanz mit 37 bezeichnet ist,
sie bei 100° C. zusammengesetzt sein muss:

1) Aus der Spannung bei 0⁰ C. . . . . $=$ 37
2) Aus deren vermehrter Spannung wegen erweiterter Vibration bei 100⁰ C. . . . . $=$ 13,9
3) Durch die bei 100⁰ C. noch aufgenommene ponderable Substanz . . . . $=$ 5853
4) Durch deren erweiterte Vibration bei 100⁰ C. . $=$ 2194,87
die ganze Spannung bei 100⁰ C. also . . . $\overline{\text{8098,77,}}$
wenn die bei 0⁰ C. 37 ist. Nun ist aber 37 : 8098,77 $=$ 1 : 218,7,
wie durch die Versuche gefunden wurde. Das Verhältniss der
Dichtigkeiten und umgekehrt der Spannungen lässt sich demnach
leicht eines aus dem anderen berechnen, um aber die absoluten
Grössen zu haben, muss man entweder die Spannungen bei allen
Temperaturen und die Dichtigkeit bei einer, oder umgekehrt die
Dichtigkeit bei allen und die Spannung bei einer Temperatur
durch wirkliche Versuche ermitteln.   ·

     Es leuchtet von selbst ein, dass die Spannungen der Dämpfe
in einem grösseren Verhältnisse als die Dichtigkeiten steigen
müssen, weil sowohl der schon vorhandene Dampf, welcher zur
Vermehrung der Dichtigkeit nichts beiträgt, als auch der neu
hinzugekommene mit der Erhöhung der Temperatur ihre Vibrationsamplitude zu vergrössern streben.

     Die genetische Bildung der Abhängigkeitsformel zwischen
Dichtigkeit und Spannung der Dämpfe bei verschiedenen Tempe-
raturen ist demnach folgende, wenn e und d die Elasticität und
Dichte bei 0⁰ C., und E und D dasselbe bei einer um t⁰ C. höheren
Temperatur bezeichnen:

$$e : E = d : d + t \cdot d \cdot 0{,}00375 + (D - d) + (D - d)\,0{,}00375\,t,$$

woraus denn freilich die bekannte einfachere Form

$$e : E = d : D\,(1 + .\,t\,0{,}00375)$$

hergeleitet wird, und hieraus für die Dichtigkeiten der Gase das
bekannte Verhältniss

$$d : D = e\,(1 + t\,0{,}00375) : E.$$

     Die bisherigen Versuche, die Spannung als eine Function der
blossen Temperatur darzustellen, können nur verfehlt genannt
werden, indem der Formel eine geringere Sicherheit zukommt als
der Beobachtung, und indem man die Formel auf Temperaturen,
die nicht untersucht wurden, mit Verlässigkeit nicht anwenden
darf. Formeln von namhaften Männern, die bei höheren Temperaturen abnehmende Spannungen geben, können nicht dazu beitragen, der Analyse Credit zu verschaffen.

28) Wird ein Gas um 1^0 C. erwärmt, so dehnt es sich um 0,00375 aus, beides durch die Wirkung der Wärme. Hierbei werden 0,00375^0 C. latent und 1^0 C. wird frei sein; um also die Temperatur eines Gases in einem nachgebenden Raume um 1^0 C. sensibler Wärme zu erhöhen, bedarf man 1,00375^0 C. absoluter Wärme.

29) Um ein Gas auf die doppelte Ausdehnung zu bringen, muss es von 0^0 C. bis auf 267^0 C. erwärmt werden, seine Spannung ist alsdann nicht vermehrt worden; kann es sich aber nicht ausdehnen, so seine Spannung verdoppelt worden. Im ersteren Falle sind $267^1/_{267}$ oder 1^0 C. latent geworden.

Um ein Gas in nachgebenden Wänden auf 267^0 C. zu erwärmen, bedarf man 268^0 C. wirklicher Wärme, während man in nicht nachgebenden Wänden mit 267^0 C. dasselbe bewirkt. Dieselbe Quantität Wärme würde also das eingeschlossene Gas um 1^0 C. höher erwärmen als das ausdehnbare; öffnet man dem eingeschlossenen 268^0 C. warmen Gase einen gleich grossen leeren Raum, so füllt es ihn aus und hat nur mehr 267^0 C.[1]).

30) Wenn ein Gas eine bestimmte Temperatur t^0 C. hat, so ist die Kraft, die seine Ausdehnung über die Temperatur von t^0 C. veranlasst, 0,00375 t. Wird es nun plötzlich in einen zehnmal grösseren Raum gelassen, so vermehren sich seine Vibrationsamplituden auf das Zehnfache, und es braucht dazu noch 9 mal so viel Kraft, um diesen Raum auszufüllen, also 9 . 0,00375 t. Abstrahiren wir nun von jeder Mittheilung der Wärme von Seiten der Wände des Gefässes, so muss die Kraft von der Vibrationsanzahl des Gases entnommen werden, und in diesem Falle eine Temperaturerniedrigung von 9 . 0,00375 t eintreten. Wäre $t = 100^0$ C., so kühlt sich das Gas durch seine Verbreitung in einen zehnmal grösseren Raum um 3,37^0 C. ab. Hat das Gas nur 10^0 C. und wird es in einen ihm gleichen Raum gelassen, so ist seine Abkühlung nur 0,0375^0 C. Bekanntlich gehört auch ein Breguet'sches Metallthermometer dazu, um diese Erscheinung nur wahrzunehmen. Es wird aber wohl schwerlich möglich, diese Grössen experimentell zu bestimmen, wegen der von den Wänden und dem Thermometer selbst mitgetheilten Wärme.

---

[1]) Die Entwicklung in 28), 29) und 30) ist nicht richtig und ist in meiner mechanischen Theorie der chemischen Affinität (S. 27) in anderer Weise gegeben.

31) Die Bestimmung des absoluten Nullpunktes aus dem Ausdehnungsquotienten der Gasarten zu — 267° C. ist ganz ungegründet, weil sie die nicht zulässige Annahme unterstellt, dass die permanenten Gasarten bei jedem Drucke dem Mariotte'schen Gesetze folgen. Allein dies wird sicher nicht mehr stattfinden, so wie der Druck dieselben in die Nähe ihres Condensationspunktes bringt, oder sobald die Theilchen des Gases sich einander so genähert haben werden, dass sie sich einander anziehen. Nichtgesättigte Dämpfe folgen ebenfalls dem Mariotte'schen Gesetze und der Gay-Lussac-Dalton'schen Zahl, allein sie hören auf, dies zu thun, etwa noch 20 Grade früher als sie den Punkt der Sättigung erreichen. So wie das schwefligsaure und Cyangas schon bei gewöhnlicher Temperatur nicht mehr diesen beiden Gesetzen folgen, und das kohlensaure Gas nach Thilorier's Entdeckung die merkwürdigsten Erscheinungen bei starker Compression und Erkältung zeigt, so ist auch sehr wahrscheinlich, dass das Sauerstoff- und Wasserstoffgas sich ähnlich verhalten werden, nur unter noch anderen Umständen.

32) Die Erwärmung der Metalle durch starkes Hämmern kann durch die Verdichtung des Metalles und das hypothetische Austreiben des Wärmestoffes nicht erklärt werden, weil der gehämmerte Stab bei jedem neuen Hämmern wieder heiss wird, und auch fortwährend heiss bleibt, während er längst nicht mehr an Dichtigkeit zunehmen kann. Die mechanische Erschütterung, welche den Stab trifft, setzt die kleinsten Theile desselben in Schwingung, und wenn die Schläge so rasch folgen, dass die mitgetheilte Erschütterung in der Zwischenzeit nicht an andere Körper übergehen kann, so muss sie als unendlich vermehrte Vibration, als Wärme erscheinen. Das endliche Glühen des Stabes ist nichts als ein verändertes Hervortreten derjenigen Kraft, welche in dem Hammer angehäuft war, und welche, durch den Cohäsionswiderstand des Stabes gebrochen, auf diesen übergehen und in ihm als geschwächte Cohäsion (Wärme) auftritt. Das Glühen muss offenbar so lange dauern, als das Hämmern, weil die Abkühlung durch eine Kraft als Wärme wieder ersetzt wird.

33) Das Trevelyan-Instrument [1]) deutet auf eine directe Weise die Vibration warmer Körper an; sein Ton ist ein Combinations-

---

[1]) Tyndall hat später in seinem Werke über die Wärme (S. 127) ebenfalls das Trevelyan-Instrument als Beweis der wirklichen Bewegung in der Wärme angewendet.

ton aus der Coincidenz zweier ungleicher Vibrationssysteme, nach Art der Tartinischen Töne erklärt. Der Combinationston hat immer eine viel geringere Anzahl Vibrationen als jedes der beiden Systeme, und zwar um so weniger, je differenter beide Systeme sind. Der von dem Trevelyan-Instrument unter günstigen Umständen hervorgebrachte Erschütterungston ist entstanden aus der periodisch wiederkehrenden gleichzeitigen Abstossung zweier ungleicher Vibrationssysteme, und aus dem mechanischen Momente des Wacklers, welcher vermöge seiner Form eine gewisse Zeit zu einem Hin- und Hergange gebraucht. Zwischen diesem Hin- und Hergange mögen die Vibrationssysteme viele Tausendmal coincidiren, ohne dass sie dadurch auf den Wackler wirken. Aus dem in der Zeit nothwendig sehr nahen Aneinanderliegen der Coincidenzen wird die Möglichkeit gegeben, auch bei verschiedenen Temperaturen denselben Ton des Wacklers hervorzubringen. Da ein schallender Körper, um einen hörbaren Ton zu geben, nicht über 16000 Schwingungen in der Secunde machen darf, so ist einleuchtend, dass ein erhitzter Körper an sich nicht schallerregend wirken könne.

34) Der Leidenfrost'sche Versuch erklärt sich durch die zu heftige Vibration der glühenden Metalle, wodurch das Wasser abgestossen wird, und in der dadurch verminderten Berührung liegt der Grund der schwachen Wärmemittheilung. Bei verminderter Wärmevibration nähern sich Metall und Wasser soweit, dass sie in den Bereich der Cohäsionskraft kommen, und es findet Benetzung statt.

Eine Glaslinse auf eine Spiegelplatte gelegt, berührt das Glas nicht, wie man aus den Newton'schen Farbenringen schliesst; beim absoluten Nullpunkt des Thermometers würde wohl Berührung stattfinden, und der schwarze Fleck in der Mitte einen durchsichtigen haben.

35) Die Absorptionsfähigkeit rauher Flächen gegen strahlende Wärme ist nur durch ein sehr grobes Beispiel deutlich geworden. Man wendet in dem heissen Luftgebläse mit Vortheil Röhren an, welche reichlich mit kegelförmigen Hervorragungen versehen sind. Die Eisenzacken wirken wie wahre Wärmesauger, sie werden leicht in der Flamme glühend, und so wie die Wärme einmal im Metalle ist, wird sie durch dessen nach unten zu immer grösser werdenden Durchschnitt leichter an die innere Seite der Röhre fortgeführt; ohne diese Zacken wird die Röhre bei weitem

nicht so heiss werden. Eine rauhe Fläche ist mit solchen Hervorragungen im kleinsten Sinne reichlich versehen, und sie wirkt
dadurch doppelt, durch vergrösserte Oberfläche, und durch die
leicht zu erschütternde Form der von keiner Seite umschlossenen
Spitzen. In der polirten Ebene ist alles so fest geschlossen und
gegen einander geschützt, dass die blosse Cohäsion das Annehmen
der Vibration erschwert.

Die strahlende Wärme verhält sich zur sensiblen, wie die
strömende Elektricität zur ruhenden Spannungselektricität. Die
strahlende Wärme und strömende Elektricität werden erst frei,
wenn sich ihrer Bahn ein Hinderniss entgegenstellt[1]); sie suchten[2])
jedoch nur in unserm Körper die strömende Elektricität, weil er
ihr durchgänglich ist, aber nicht der strahlenden Wärme. Ein merk-
würdiger Umstand, ohne Zweifel im innersten Zusammenhang mit
der Natur der Sache ist der, dass Luft und Wärme sich strahlend
durch diejenigen Körper bewegen, welche der Elektricität und
dem Magnetismus fast unzugänglich sind, wie Gläser, Gasarten,
Flüssigkeiten, während umgekehrt Elektricität und Magnetismus
sich strömend in jenen Stoffen bewegen, die der Strahlung der
Wärme und des Lichtes undurchdringlich sind.

Es wird nicht nothwendig sein, einen Aether für das Licht,
so wenig wie einen besondern für Wärme, Elektricität und Magnetismus anzunehmen; die Materie reicht vollkommen aus, diese
verschiedenen Fluida (Stoffe? Vibrationen?) fortzupflanzen. Je
weniger Materie in einem Raume vorhanden ist, desto geringere
Kraft reicht hin, dieselbe zu erschüttern; wenn aber diese Kraft
constant ist, eine desto längere Strecke desselben Raumes wird
sie in gleicher Art erschüttern; daher gehen die Strahlen der
Wärme und des Lichtes im luftverdünnten Raume rascher, als in
unserer Atmosphäre, als in Flüssigkeiten und Gläsern. Die Versuche Davy's in seinem Zinnbarometer lassen es vollkommen
unentschieden, ob die Elektricität durch den leeren Raum gegangen ist, oder ob er keinen leeren Raum hatte. Nach unserer
Ansicht können die sogenannten Imponderabilien nur durch Substanz, und also nicht durch den absolut leeren Raum fortgepflanzt
werden[3]).

---

[1]) Ist für Elektricität nicht richtig und oben anders erklärt.
[2]) Ich verstehe diesen Satz nicht mehr und vermuthe einen sinnent-
stellenden Druckfehler.
[3]) Es ist durch spätere Versuche mit der Geisler'schen Quecksilber-

36) Aus dem bis jetzt Vorgetragenen, welches eigentlich nur der Ausspruch der Erscheinungen unter etwas veränderter Voraussetzung ist, glaube ich schliessen zu können, dass die Vibrationstheorie mit dem grössten Grunde ebenfalls auf die Wärme, wie auf das Licht bereits geschehen ist, ausgedehnt werden dürfe. Die berührten Erscheinungen, wozu sich ohne Zweifel alle anderen mit derselben Leichtigkeit fügen werden, sind unter der Voraussetzung, dass die Wärme eine Kraft ist, leichter und bündiger zu erklären, und mehrere schwere Begriffe, wie Imponderabilität, latente Wärme, Wärmeatmosphäre etc. fallen ganz weg. Bei der Aehnlichkeit zwischen Licht und Wärme muss es gleichsam als ein Vorwurf erscheinen, warum eine für das Licht mathematisch erwiesene Erklärungsart nicht auch für die Wärme gelten sollte.

Der Volta'sche Verbingungsdraht wird von einem elektrischen Strome durchflossen, er erwärmt sich, er leuchtet; wie ist dies möglich, wenn Licht, Wärme und Elektricität verschiedene Stoffe sind, wie Sauerstoff und Wasserstoff, wie Kupfer und Zink? Aus den unzähligen Uebergängen dieser Erscheinungen in einander glaube ich, so viel auch noch im Einzelnen zu erklären bleibt, folgenden allgemeinen Satz aufstellen zu können: **Ausser den bekannten 54 chemischen Elementen gibt es in der Natur der Dinge nur noch ein Agens, und dieses heisst Kraft; es kann unter den passenden Verhältnissen als Bewegung, chemische Affinität, Cohäsion, Elektricität, Licht, Wärme und Magnetismus hervortreten, und aus jeder dieser Erscheinungsarten können alle übrigen hervorgebracht werden. Dieselbe Kraft, welche den Hammer hebt, kann, wenn sie anders angewendet wird, jede der übrigen Erscheinungen hervorbringen** [1]).

---

luftpumpe wirklich nachgewiesen, dass der elektrische Strom wirklich nicht mehr durch das dadurch hervorgebrachte Vacuum durchgeht, während Licht und strahlende Wärme noch hindurchgehen, und Schwerkraft und Magnetismus noch hindurchwirken.

[1]) Die Einheit aller Naturkräfte ist an dieser Stelle mit einer Schärfe und Bestimmtheit ausgesprochen, der ich selbst jetzt nichts hinzufügen könnte. Es ist dies diejenige Stelle, auf welche ich mich in der Erinnerung bezog, als ich in meiner mechanischen Theorie der chemischen Affinität auf S. 45 sagte: „Im Jahre 1838 (sollte heissen 1837) schickte ich eine Abhandlung an Poggendorff, worin die Einheit aller Naturkräfte noch vollständiger als oben (bezüglich auf den Aufsatz in Liebig's Annalen Bd. 24, S. 141) auseinander gesetzt war" und ich löse diese Behauptung durch den Abdruck obiger Stelle wieder ein.

Ich muss bemerken, dass diese Ansicht sehr von jener verschieden ist, welche vor längerer Zeit alle Imponderabilien als identische Stoffe erklärte. Durch Vermittlung des geläufigen Begriffes einer Kraft ist vieles gewonnen.

Ich will nun noch zum Schlusse eine Reihe von Phänomenen unter diesem Gesichtspunkte aufgefasst, zusammenstellen, welche die geäusserte Ansicht näher erläutern sollen. Das Hervortreten der einen Kraft durch die andere ist in vielen Fällen unmittelbar (Glühen des Polardrahtes), in vielen aber auch durch dazwischen liegende Kräfte vermittelt.

Obschon diese Vertretungen längst bekannt sind, so muss ich in diesem besonderen Falle an einem Beispiele nochmals darauf aufmerksam machen, wie man dieselben in Uebereinstimmung mit der vorgetragenen Ansicht aufzufassen habe. Vermöge der Kraft des Armes reisst man die Inductionsrolle von einem Magnete los, es entsteht in dem darum geschlungenen Schraubendrahte ein elektrischer Strom, welcher bei Unterbrechung als Funke, oder bei verengerter Leitung als glühender Draht (Wärme und Licht) erscheint; derselbe erregt magnetische Polarität, wenn er als Schraubendraht um eine Stahlnadel geleitet wird; er zersetzt das Wasser, wodurch er geleitet wird, und hebt zugleich seine Affinität und Cohäsion auf; und da nun der dünne Platindraht, die Ampère'sche Schraube und der Wasserzersetzungsapparat gleichzeitig in derselben Kette eingeschlossen sein können, so leuchtet ein, **wie die Kraft des Armes unter verschiedenen Verhältnissen, als Wärme, Licht, chemische Affinität, Magnetismus und Cohäsion zum Vorschein gekommen ist.** In dieser Art sind folgende Andeutungen zu nehmen.

Elektricität erscheint als Wärme und Licht im elektrischen Funken, glühenden Leitungsdraht; als Magnetismus im ganzen Elektromagnetismus; als chemische Affinität in der Volta'schen Säule; als Cohäsion im Einbrennen des Goldes auf Glas, im Durchschlagen der Kartenblätter; als bewegende Kraft bei den Anziehungen ungleich geladener Körper, gleichlaufender Ströme, in Faraday's und Barlow's Rotationen.

Die Wärme erscheint als Elektricität im Turmalin, in der Seebeck'schen Kette; als Licht bei allen Körpern, die eine gewisse Temperatur erhalten; als Magnetismus in dem Thermomultiplicator und Thermomagnet; als chemische Affinität in allen chemischen Operationen, die durch Wärme eingeleitet werden; als

Cohäsion im Schmelzen und Verflüchtigen der Körper; als Kraft in der Ausdehnung der Körper, in der Dampfmaschine, in Cumming's thermoelektrischer Rotation.

Das Licht erscheint als Elektricität (?); als Wärme im gehemmten Sonnenstrahl; als Magnetismus in Moricchini's zweifelhaften Versuchen; als Affinität in der Färbung des Chlorsilbers, der Verbindung vom Chlor und Wasserstoffgas; als Cohäsion in dem aus Salpetersäure ausgeschiedenen Sauerstoff; als Kraft in der Explosion der durch Licht eingeleiteten Detonation des Chlors und Wasserstoffs.

Der Magnetismus erscheint als Elektricität, als Wärme und Licht im magnetelektrischen Funken; als Affinität im Pixii'schen Zersetzungsapparat; als Cohäsionsveränderung im Glühen des Drahtes; im Entbinden der Gase aus Wasser; als Kraft in der gemeinen magnetischen Anziehung, in der Tragkraft der Elektromagnete.

Die chemische Affinität erscheint als Elektricität, als primum movens der Volta'schen Säule nach Faraday's glänzender Entdeckung; als Wärme und Licht in den Verbrennungserscheinungen; als Magnetismus im Hydroelektromagneten; als Cohäsion in den Fällungen der unlöslichsten Verbindung aus je zwei Salzen; als Kraft in der Kohlensäure, die in einem verschlossenen Gefässe aus Säure und Kreide entwickelt wird, und -einen Kolben treibt.

Die Cohäsion erscheint als Elektricität bei dem Erstarren des Schwefels in Glasgefässen; als Wärme in der freiwerdenden Wärme beim Erstarren der Flüssigkeiten und Verdichten der Gase; als Licht in der leuchtenden Krystallbildung; als Magnetismus in der geschwächten magnetischen Erregung durch verminderte Cohäsion; als chemische Affinität: *corpora non agunt* etc.; als Kraft in dem Widerstande nach aussen.

Eine mechanische Kraft oder Bewegung erscheint als Elektricität in den Faraday'schen Strömen, im Pixii'schen Apparat, in Arago's rotirender Scheibe; als Wärme und Licht in dem glühend gehämmerten Eisenstabe, im magnetisch-elektrischen Funken, im pneumatischen Feuerzeug; als Magnetismus in der magnetischen Erregung durch inducirte Ströme; als chemische Affinität in der Entzündung des Knallgases durch Compression, eigentlich auch durch den elektrischen Funken; als Cohäsion in dem Dicht- und Harthämmern der Metalle; als Kraft nach mehreren anderen Vertretungen wieder auftretend in Gauss's mitschwingender Multiplicatornadel; in dem Faraday'schen Rotationsapparat durch den Inductionsstrom einer Kupferscheibe bewegt.

Ohne Zweifel lassen sich alle physikalischen Erscheinungen der sogenanten Imponderabilien unter eine dieser Rubriken bringen, und die wenigen noch auszufüllenden Lücken mögen bald erledigt sein. Es bleibt aber von dieser flüchtigen Andeutung bis zur vollkommenen Einsicht in die Natur der Sache noch unendlich viel zu thun übrig.

Wie unterscheidet sich die ruhende Elektricität von der strömenden? vielleicht wie eine in sich zurückkehrende Vibration von einer nach Art des Schalles progressiv bewegten? Warum wird durch Reibung Elektricität erregt? Warum ist die Durchlassung der Licht- und Wärmestrahlen so verschieden? Warum steht die Brechungskraft der Körper mit ihrer chemischen Natur (Affinität) in so enger Beziehung? Warum verändern sich die Affinitäten mit den Temperaturen? Wie hängt die steigende Affinität der Kohle bei hoher Temperatur mit ihrer Unschmelzbarkeit zusammen? Was ist eigentlich die Affinität, da sie doch in allen Fällen durch Elektricität hervorgebracht und ersetzt werden kann?[1]) Ist der Magnetismus vielleicht eine polarisirte Elektricität? Was ist der Grund des Unterschiedes, den man Quantität und Intensität der Elektricität nennt?[2])

Ueber die eben gemachten Andeutungen wage ich keine weiteren Erklärungen zu geben, weil dieselben bis jetzt noch zu sehr das Ansehen einer regen Phantasie tragen, welches bei der Naturforschung und Naturerklärung sehr zu vermeiden ist; doch standen sie in zu enger Beziehung zu dem besprochenen Gegenstande, um mit Stillschweigen übergangen zu werden.

---

[1]) Diese Frage habe ich 30 Jahre später in der mechanischen Theorie der chemischen Affinität vollständig gelöst.

[2]) Ist ebenfalls später gelöst.

Thatsache und Wissenschaft.

Die Thatsache ist der Baustein, aus welchem der Naturforscher sein Gebäude aufführt. Ist sie falsch oder unsicher, so ist
auch seine Arbeit falsch und unsicher. Die Naturforschung beginnt nothwendig mit Aufsuchen von Thatsachen, und aus der
Summe derselben versucht der Denker ein geistiges Gebäude auf-
zurichten. Die Thatsache hat aber immer nur einen objectiven
Werth und keinen geistigen, und derjenige, welcher den Zusammenhang vieler oder aller findet, ist der eigentliche Schöpfer der
Lehre. Alle Thatsachen zusammen sind nur Bausteine, und mag
der einzelne Stein noch so schwierig zu bearbeiten oder zu künstlich bearbeitet sein, der Ziegelbrenner und Steinhauer tritt zurück gegen den Baumeister, welcher den Plan des Gebäudes ent-
worfen hat.

Vor Newton waren eine Menge Thatsachen bekannt, die
mit der Gravitation im Zusammenhange standen, die Gesetze des
freien Falles der Körper, der Pendelbewegung, die elliptischen
Bahnen der Planeten u. a., allein Newton schuf zuerst das ganze
Gebäude der neuen Lehre durch einen einzigen Gedanken.

Vor Lavoisier war die Gewichtszunahme verbrennender
Metalle bekannt, vor ihm war der Sauerstoff entdeckt, allein
Lavoisier wurde der Gründer der heutigen Chemie, weil er zuerst den Gedanken des chemischen Elementes aussprach und
damit Klarheit in die Summe der Erscheinungen brachte. Wenn
er auch nicht die Lebensluft entdeckte, so entdeckte er doch zuerst
den Sauerstoff, wie wir ihn jetzt ansehen. Nicht die Thatsache
des im Sauerstoff verbrennenden Eisens und Phosphors hat ihn
berühmt gemacht, sondern die Erklärung.

Arago hatte die Beobachtung gemacht, dass eine über Kupfer
oder einem anderen nicht magnetischen Metall schwingende Magnetnadel schneller zur Ruhe kommt als eine solche, in deren
Nähe keine solche Platte vorhanden war. Er entdeckte ferner
noch die Thatsache, dass eine rotirende Kupferscheibe eine Magnetnadel, die vollkommen eingeschlossen war, in der Richtung der
Rotation mit herumführe. Obgleich Arago an dem Versuche
viel herumtastete, so gelang ihm dennoch die Lösung der Frage
nicht, was diese Erscheinung veranlasse. Viele Jahre später

entdeckte Faraday den Zusammenhang und indem er ihn so ausdrückte, dass jeder leitende Körper, der in der Nähe eines Magneten bewegt wird, elektrische Ströme senkrecht auf die Richtung der Bewegung in sich entwickele, war das ganze Problem gelöst, welches als Magneto-Elektricität sich zu einem Theile der neueren Physik gestaltete.

In der Geschichte der Wissenschaft wird die Erinnerung an die erste Beobachtung der Thatsache, welche zu diesem Zweige der Wissenschaft führte, für Arago immer sehr nachtheilig bleiben, indem sie die grössere geistige Begabung Faraday's neben Arago's Misserfolg hinstellt.

Der Ackerbau ist von den Menschen seit undenklichen Zeiten betrieben worden, und Thatsachen über den Nutzen der Düngstoffe, über Brache, Fruchtwechsel, über Erschöpfung des Bodens und anderes waren in Fülle aufgehäuft. Durch einen lichten Gedanken Liebig's, dass die Aschenbestandtheile zum Wachsen der Pflanzen unentbehrlich wären, entwickelte sich die ganze Agriculturchemie.

Der Gedanke, dass die Nerven zur Fortleitung von Schwingungen dienten, wurde die Grundlage der ganzen Nervenphysik und erklärte tausend Thatsachen von Nervendurchschneidungen und Nervenwirkungen.

Es ist deshalb auch in diesem und ähnlichen Fällen ganz unbegründet, wenn man einzelne Thatsachen als schon vorher bekannt entgegenstellen und abziehen will. Die Entdeckung einer Thatsache ist Sache des Glückes, des Zufalls, aber die geistige Benutzung ist Sache des Genies.

Daguerre entdeckte die nach ihm benannte Art der Lichtbilder auf Silberplatten mit Quecksilberdampf erzeugt. In Folge derselben wurde die heutige Photographie erfunden. Daguerre's Thatsache war eine der seltsamsten, wenn man bedenkt, dass nur Zufall und Tasten, und keine Idee ihn dazu führen konnten. Drei Körper, Silber, Jod und Quecksilber, brachten dieses merkwürdige Resultat zu Stande. Wie viel Combinationen dreier Elemente waren denkbar, ehe die gewinnende Terne herauskam? Weil aber Daguerre nur eine Thatsache entdeckt hat, so blieb sein wissenschaftlicher Ruhm sehr gering, obgleich dieselbe eine so colossale Industrie veranlasste, als heute die Photographie ist. Alle diese Fälle, denen sich noch viele anschliessen lassen, zeigen die höhere Würde der geistigen Arbeit über die blosse Thatsache.

Diese letztere hat eine Berechtigung, einen positiven Werth, eine ewige Dauer, aber keine geistige Würde. Zu den Missverständnissen der heutigen Naturforschung gehört die Ueberschätzung, die Apotheose der Thatsache. Ihre Unentbehrlichkeit, ihren Nutzen wird kein Naturforscher in Abrede stellen. Wenn die Thatsache das Ergebniss einer geistigen Arbeit ist, so steigt sie auch zu dem Werthe und der Anerkennung einer solchen. Leverrier entdeckte den Neptun im Geiste, und Galle hat ihn zuerst körperlich gesehen und als Thatsache bestätigt. Es wird Niemand zweifelhaft sein, wem von beiden der Preis gebührt. Der Nutzen einer Thatsache soll nicht das Maass der Anerkennung bedingen.

Das Geheimniss aller derjenigen, welche Entdeckungen machten, liegt, wie Liebig[1]) sagt, darin, dass sie nie etwas für unmöglich hielten.

Das Gesetz der Erhaltung der Kraft ist der Angelstern, die Cynosura, wonach der Naturforscher seinen Curs richtet. Ueberall, wo er mit demselben in Zwiespalt geräth, muss er seine Versuche oder seine Ansichten im Verdachte des Irrthums haben. Es bedarf dieses Gesetz keines ferneren Beweises, die Existenz der Welt ist selbst dieser Beweis.

Unter Festhaltung dieses Gesetzes stürzte das künstliche Gebäude der Contacttheorie zusammen, welche die Entstehung einer Bewegung annahm, ohne den Verbrauch einer anderen Bewegung zu gestatten; unter seiner Führung ergab sich die Wärme des galvanischen Stroms als das volle Aequivalent des bis dahin verschwundenen Stromes, und dieser als das Aequivalent des Verbrauches chemischer Bewegung in der Zelle; die chemische Affinität ergab sich als eine besondere Form der Bewegung, welche bei dem Acte der Verbindung theilweise nach Willen des Experimentirenden in Wärme, oder erst in galvanischen Strom und dann in Wärme umgesetzt werden konnte; es erklärten sich die neuen Eigenschaften der Verbindungen aus den Erscheinungen bei der Verbindung, aus Verlust oder Zunahme an Bewegung, welche calorimetrisch gemessen werden konnte, die ungleichen Verbrennungswärmen allotroper Elemente und isomerer ungleich flüchtiger organischer Verbindungen, die Erkältungen und Erwärmungen beim Auflösen, die Leichtschmelzbarkeit der unter Aufnahme von Bewegung

---

[1]) Annal. Pharm. 10, 179.

durch Wärme zu Stande kommenden Verbindungen, die Flüchtigkeit des Schwefelkohlenstoffs, kurz überhaupt alle chemischen
Erscheinungen, mit Ausnahme weniger, worauf man das Gesetz
angewendet hat; und wo die Erklärung nicht gelang, muss man
die mangelhafte Kenntniss des Vorganges, aber niemals die Richtigkeit des Gesetzes selbst als Ursache des Misserfolges ansehen. Merkwürdig ist, dass dies Gesetz schon eine Reihe von
Jahren allgemein bekannt und anerkannt war, ohne dass man
seinen Widerspruch mit anderen landläufigen Ansichten und Erklärungen bemerkte, ja dass in einem und demselben Kopfe durch
eine Art doppelter Buchführung dieses Gesetz neben ̇der galvanischen Contacttheorie, welche eine flagrante Verletzung desselben
ist, zugleich wohnen konnte und noch wohnt; dass man die chemischen Vorgänge täglich wahrnahm, ohne einmal die Frage an
sie zu richten, wie sie sich zu diesem Gesetze verhielten; dass man
nicht einmal über den Mangel einer solchen Beziehung Klage
führte oder Betrachtungen anstellte, und dass man endlich die
klare Darlegung dieser Beziehungen mit Stillschweigen hinnahm,
ohne Billigung, weil diese Ansicht viele in den Sand gezogene
Kreise zerstörte, ohne Widerlegung, weil man gegen eine in sich
so vollkommen begründete und mit allen bekannten Erscheinungen
im Einklang stehende Ansicht mit Erfolg nicht aufzukommen vor-
aussah. Es geht daraus hervor, dass die Naturforscher, ungeachtet sie allein vor den Pflegern aller anderen Wissenschaften
den Vorzug einer endgültigen Entscheidung in dem Versuch und
der Beobachtung der Natur haben, darin von anderen Menschen
nicht verschieden sind, dass sie nur insoweit annehmen wollen,
als das Neue mit ihren liebgewonnenen Vorurtheilen nicht im Widerspruche steht, und als sie nicht schon, wie Dr. Sangrado, Bücher
in anderem Sinne geschrieben haben. Es müssen auch jetzt, wie
früher, Generationen aussterben, ehe eine neue Lehre Platz greift.
Der Muth, consequent bis zu den äussersten Folgen durchzu-
denken, ist weniger verbreitet, als der Muth, gegen feindliche Gra-
naten anzustürmen, und es unterliegt wohl keinem Zweifel, dass
die *vis inertiae* daran ihren grossen Antheil hat.

Da dieses Wort hier ganz zufällig erscheint, so könnte noch
nachträglich die Frage aufgeworfen werden, warum die *vis inertiae*
nicht oben (S. 15) unter den Kräften aufgeführt ist.

Vis inertiae oder Beharrungsvermögen ist ein überflüssiger Begriff in der Mechanik, der sich zur Bewegung verhält wie Kälte zu Wärme. Dass sich ein ruhender Körper nicht von selbst in Bewegung setzt, versteht sich von selbst und bedarf keines Beweises; dass aber ein bewegter Körper ewig in Bewegung bleibt, ist erst durch Beobachtung an den Himmelskörpern wahrgenommen und durch Speculation begründet worden. Dass der bewegte Körper sich ewig fortbewegt, ist keine Qualität des Körpers, sondern der Bewegung, und wenn man im ruhenden Körper eine *vis inertiae* annehmen will, so müsste man im bewegten eine *vis motus* zugestehen. Statt dessen erscheint uns die Bewegung selbst als ein unkörperliches, unzerstörbares, aber nur an den Körpern haftendes Object, und da die Bewegung in der Welt existirt, da sie in der Zeit nicht vergehen und also auch in der Zeit nicht entstanden sein kann, so bedarf ihre Annahme keines Beweises. Unter Beharrungsvermögen, *vis inertiae*, versteht man den Widerstand, welchen ein ruhender Körper einem bewegten entgegenstellt, oder die Verminderung der Bewegung, welche ein ruhender Körper an einem bewegten beim Zusammenstoss hervorbringt. Es ist dies aber nichts als eine Paraphrase des Satzes, dass Bewegung überhaupt nicht entstehen und nicht vergehen kann.

Kommt ein bewegter Körper, dessen Bewegungsgrösse durch das Product seiner Masse mit dem Quadrate der Geschwindigkeit ausgedrückt ist, mit einem ruhenden in Collision, so muss, wenn die bewegte Masse zunimmt, die Geschwindigkeit beider abnehmen. Sei der bewegte Körper M, der ruhende N, die Geschwindigkeit von M gleich c und die beider zusammen gleich x, so ist

$$M c^2 = (M + N)\, x^2,$$

woraus
$$x = \sqrt{\frac{M c^2}{M + N}}$$

es folgt also daraus, weil die Summe der Bewegung unveränderlich ist, dass die *vis inertiae* gleich ist der Masse, dass die gemeinschaftliche Geschwindigkeit aber gleich der Wurzel aus der Summe der Bewegung dividirt durch die Summe der Massen. Es ist hierbei abgesehen von den Bedingungen des elastischen Stosses, wobei die ganze Bewegung übertragen wird, und des unelastischen Stosses, wobei ein Theil Massenbewegung in Wärme umgesetzt wird.

Man denke sich eine Attwood'sche Fallmaschine, an wel-

cher zwei Gewichte von je 10 Pfund auf beiden Seiten einer ge-
wichtslosen Rolle aufgehangen sind. Legt man auf eine Seite ein
Uebergewicht von 1 Pfund, so bewegen sich die 21 Pfund mit
beschleunigter Bewegung. Es sei nun die Fallhöhe 5 Fuss, so ist
die Summe der Bewegung gleich jener, welche das 1 Pfund allein
hervorgebracht haben würde, weil die 20 Pfund zur Hälfte steigen,
zur Hälfte fallen, also keine Bewegung hervorbringen können.

Die Endgeschwindigkeit für den Fallraum $5'$ ist $= \sqrt{62 \cdot 5}$
$= \sqrt{310'}$, und die Summe der Bewegung für 1 Pfund auf $5' = Mc^2$
$= 1 \cdot 310$.

Nehmen nun die 20 Pfund mit an der Summe der Bewegung
Theil, so ist $21 x^2 = 310$, also $x = \sqrt{\dfrac{310}{21}}$.

Die Hubhöhe für die Endgeschwindigkeit $\sqrt{310'}$ ist nach der
Formel

$$ s = \frac{c^2}{2g} = \frac{310}{62} = 5' $$

und für die Endgeschwindigkeit $x = \sqrt{\dfrac{310}{21}}$

$$ = \frac{\left(\sqrt{\dfrac{310}{21}}\right)^2}{62} = \frac{310}{21 \cdot 62} = \frac{5'}{21} $$

und da die Summe der Bewegung auch aus Hubhöhe mal der
Masse bestimmt werden kann, so folgt, dass die Hubhöhe ungleicher Massen bei gleicher Grösse der Bewegung umgekehrt
ist, wie die Massen.

Es mag dieser eine Fall auch als Beispiel dienen, wie sich
sämmtliche Probleme der Mechanik aus dem Begriffe von der
Unzerstörbarkeit der Bewegung streng logisch ableiten lassen.

Das Auseinandergehen der Goldblättchen beim Volta'schen
Fundamentalversuch ist eine wirkliche Bewegung, und kann nicht
anders als durch Verbrauch, Aufnahme oder Umwandlung irgend
einer anderen Bewegung erklärt werden, und selbst wenn es nicht
gelänge, den Ursprung dieser Bewegung nachzuweisen, was aber
gelungen ist, so müsste die Erklärung aus dem ruhigen Contacte
zweier Metalle ohne Veränderung dieser Metalle, als gegen das
Gesetz von der Erhaltung der Kraft anstossend, verworfen werden. Die Spannungserscheinungen an der geöffneten Volta'schen
Säule sind Wirkungen eines bereits geschehenen Verbrauches
chemischer Bewegung, und diese Spannung ist Ursache, dass der

chemische Angriff nicht fortschreitet. Schliesst man die Kette,
so verschwindet die Spannung, der chemische Angriff tritt wieder
ein und seine Folge ist der Strom, der sich im Augenblick des
Entstehens wieder in eben so viel Wärme auflöst, als wäre der
chemische Vorgang auch ausserhalb der Kette geschehen. Die
Spannung kann nur durch das Elektrometer, der Strom nur durch
das Galvanometer angezeigt, aber nicht gemessen werden.

Induction und Deduction.

Bei der philosophischen Beweisführung nennt man Induction
das Aufsteigen vom Einzelnen zum Allgemeinen und Deduction
das Herabgehen vom Allgemeinen auf das Einzelne.

In der Naturforschung beginnen die Entdeckungen mit einzelnen Thatsachen, an die sich andere reihen und aus einer Summe
dieser Thatsachen wird ein allgemeiner Satz abgeleitet.

Die Gesetze des freien Falles, der Pendelbewegung, des Um-
laufs der Planeten waren bekannt. Newton fasste alle diese Erscheinungen in dem einen Satze von der Gravitation zusammen,
und erklärte dass alle Körper sich anziehen im Verhältniss ihrer
Masse und im umgekehrten Verhältniss des Quadrates der Entfernung. Aus diesem Satze konnten deducendo andere wichtige
Schlüsse gemacht werden. Wenn der Uranus in einem gewissen
Theile seiner Bahn eine beschleunigte und in einem anderen eine
verzögerte Bewegung annahm, so schloss man ableitend aus dem
Gavitationsgesetze, dass hinter dem Uranus noch ein Weltkörper
sich bewegen müsse, der diese Störungen veranlasse. Die Entdeckung des Neptuns ist eine Frucht der Deduction.

Durch eine Reihe von Thatsachen wurde gefolgert, dass aller
kohlensaure Kalk der Gebirge von dem Absatze der Schalen von
Thieren abstamme; es liess sich daraus der Schluss ziehen, dedu-
ciren, dass Menschenreste nicht im Kalk gefunden werden könnten, ebenso nicht Reste von anderen Landthieren. Die Theorie
der Kalkbildung ist inductiv gefunden, die Schlüsse daraus de-
ductiv.

Die Entstehung der Steinkohlen aus Meerespflanzen ist durch
Induction gefunden und bewiesen worden; dass sich keine Stein-

kohlen im Thonschiefer finden, wohl aber Schieferthon in den
Steinkohlen, ist ebenfalls eine Thatsache, welche inductiv aufsteigen liess. Dass aber der Russ der Steinkohlen Brom und Jod
enthalten könne, ist dann deducendo gefunden worden.

Die Meteoriten liessen durch genaue Untersuchung den Schluss
inducendo machen, dass sie in ähnlicher Weise, wie die Gesteine
unserer Erde, als Theile eines grösseren Weltkörpers gebildet
worden seien, und zwar unter dem Einflusse von Wasser. Es
wurde daraus der Schluss gezogen, dass sie in ihrem Silicatbe-
standtheile kleine Mengen Wasser, wie die sogenannten Urgebirge
unserer Erde, enthalten müssten. Dieser Schluss hat sich be-
wahrheitet, und Reichenbach in Wien hat auf meine Veranlassung solche Silicatantheile untersuchen lassen, und sie enthielten 1½ Procent Wasser, wie die Granite und Gneisse der Erde.
Inducendo wurde der Satz gefunden, dass die Eisenmassen der
Meteorite durch Kohlenwasserstoffe reducirt seien. Daraus wurde
deducendo der Schluss gezogen, dass das meteorische Eisen keinen
gebundenen Kohlenstoff enthalten könne, weil sich nicht zu
gleicher Zeit Kohlensäure bilden und reduciren könne. Auch
dieser Satz ist vollständig bestätigt worden, theils durch die Hunderte von Analysen, welche keinen Kohlenstoff nachweisen, dann
aber durch die darauf hingelenkte Untersuchung des Referenten.

In derselben Weise wurde geschlossen, dass das Meteoreisen
kein Silicium enthalten könne, und es ist in der That noch in
keinem solchen Silicium gefunden worden.

Die ganze Theorie der Molecularbewegung ist eine Theorie
von der Wellenbewegung, welche selbst von der mathematisch
genau festgestellten Pendelbewegung abgeleitet war.

Es lassen sich noch sehr viele Fälle dieser Art anführen,
welche alle darin zusammenlaufen, dass man an kleinen Beobachtungen aufsteigend eine allgemeine Theorie aufstellt und aus dieser wieder Schlüsse ableitet, die man unmittelbar nicht hätte
machen können.

Keine dieser Entwicklungsmethoden kann die andere entbehr-
lich machen, oder ihren Werth verringern.

Auslösungen.

Es gibt Vorgänge, wobei der Effect ungeheuer viel grösser zu sein scheint, als die veranlassende Ursache, und worin man eine Verletzung von dem Gesetz der Erhaltung der Kraft sehen konnte. Wundt (Menschen- und Thierseele II, 63) entwickelt ein solches Beispiel, und gibt auch die richtige Erklärung. Wenn man ein Brett auf einer Kante, ähnlich wie eine Wage, balancirt, indem man auf beide Seiten Gewichte legt, so haben diese Gewichte das Bestreben zu fallen, sie fallen aber nicht, weil sie sich das Gleichgewicht halten. Nimmt man nun von einer Seite einen kleinen Bruchtheil des Gewichtes weg, so schnappt das Brett auf, die Gewichte fallen herunter und erzeugen eine bedeutende Bewegungsgrösse durch ihre Masse und den Fallraum. Die Bewegung, welche hier zur Störung des Gleichgewichtes hineingebracht wurde, ist unendlich kleiner, als die nachher erfolgende Bewegung. Es ist aber auch einleuchtend, dass zwischen beiden Wirkungen gar keine Beziehung stattfinden kann, denn die aus dem Fall hervorgehende Bewegungsgrösse hängt von dem disponibeln Fallraum ab, die zur Störung des Gleichgewichts nöthige Bewegung aber nicht im Geringsten. Solche Fälle, wo durch eine kleine Bewegung eine grosse Kraft in die Lage kommt, sich in Bewegung umzusetzen, nennt man Auslösungen, und es wird Niemand darin eine Verletzung des Gesetzes erkennen, wenn man bedenkt, dass die zur Auslösung nöthige Bewegung zu der entstehenden Bewegung in gar keiner Beziehung steht. Es gibt unendlich viele mechanische und chemische Auslösungen, welche auf diesen Satz zurückgeführt werden müssen.

In der Ankeruhr schwingt die Unruhe eine Zeit lang ganz frei, ausser aller Berührung mit dem Räderwerk, welches durch ein kleines Hinderniss gehemmt wird. Kommt nun die Unruhe zurück, so löst sie zuerst dieses Hinderniss aus, macht das Werk frei, und dieses gibt der Unruhe einen Schlag nach der entgegengesetzten Seite. Damit stösst aber das Werk wieder an ein Hinderniss, welches seine Bewegung hemmt und die Unruhe frei schwingen lässt, bis diese auf dem Rückweg erst wieder auslöst, und dann einen neuen Stoss empfängt. Dieser Vorgang findet bei allen freien Hemmungen (*échappement libre*) statt. Bei der

ruhenden Hemmung (Cylinder, Stiftengang; Graham, Duplex etc.)
liegt das Hinderniss der Bewegung in der Hemmung selbst, indem
das Steigrad eine Zeit lang über den Cylinder oder die Palette
schleift und dann durch einen Einschnitt wieder frei gemacht
wird.

Das Oeffnen eines Hahns an einem Wassergefässe oder einer
Aeolipile ist ebenfalls nur eine Auslösung, und in ganz gleicher
Weise die Schiebersteuerung in der Dampfmaschine, in welcher
die auf Bewegung der Schieber verwendete Kraft allerdings in
Abzug kommt, aber doch noch einen grossen Ueberschuss lässt.
Dass diese zur Auslösung des Dampfes verwendete Bewegung keine
absolute Grösse ist, ersieht man aus dem geglückten Versuche,
„entlastete" Schieber zu construiren.

Jeder Flinten- oder Kanonenschuss ist ein ähnlicher Vorgang. In der Patrone oder Cartouche liegen in chemischer Form
Bewegungen neben einander, welchen durch eine Erhitzung eine
andere Form der Vertheilung und der Raumerfüllung ertheilt
wird. Die Erhitzung eines Körnchens dieses Pulvers bringt dieselbe Wirkung hervor, wie diejenige war, welche das erste Körnchen erhitzte, nämlich Wärme. Erhitzt man also ein Körnchen
des Pulvers, so löst man alle Bewegung aus, welche in dem Pulver in anderer Form niedergelegt war. Die Entzündung des einen
Körnchens Pulver erreichen wir durch das Zündhütchen, worin wieder chemische Bewegungen neben einander liegen, die durch einen
kräftigen Schlag, der sich in Wärme umsetzt, in Feuer verwandelt
werden. Während wir das gewöhnliche Schiesspulver nicht durch
einen Schlag entzünden können, gelingt dies wohl mit dem Inhalt
der Amorce, und die dadurch hervorgebrachte Hitze ist hinrei-
chend, die chemische Bewegung des Pulvers auszulösen.

Die Bewegung, welche erforderlich ist, um das Zündhütchen
zu sprengen, legt der Schütze durch Spannung des Hahns als
Kraft in der Hauptfeder nieder, und er hat diese nur an dem
Drücker oder Abzug auszulösen, um die Kraft der Feder als Bewegung auf den Piston zu übertragen. Da aber der Abzug der
stark gespannten Feder selbst einige Anstrengung erfordert und
dadurch leicht eine Bewegung des Rohrs und Verfehlen des Zieles
bewirkt, so wird ein Theil der Kraft der gespannten Feder schon
vorher durch eine zweite Bewegung von dem Drücker abgenom-
men und nur noch ein kleiner Rest im Stecher zurückgelassen.
Die kleinste Bewegung am Stecher erzeugt den Schuss, indem

erst der Stecher die Feder auslöst, diese den Hahn auf den Piston schnellt, wo die chemische Bewegung der Amorce ausgelöst wird, und diese wirft einen schwachen Feuerstrahl in das Pulver, wodurch die chemische Bewegung des Pulvers ausgelöst wird. Wir haben also bei dieser einfachen Operation des Schiessens nicht weniger als drei Auslösungen: den Stecher, das Zündhütchen und die Patrone und alle Formen von Umsetzungen von Kraft in Bewegung, Bewegung in Kraft, Massenbewegung in Wärme, chemische Bewegung in Wärme, Licht und Massenbewegung. Es lässt sich also eine Anordnung erdenken, wo durch Auslösung eines Stechers ein Weltkörper auseinander gesprengt würde.

Die Empfindlichkeit des Stechers kann durch eine Vorrichtung so gesteigert werden, dass der Schuss zuweilen von selbst losgeht, und dies ist auch der Fall, wenn explosive Verbindungen, Jodstickstoff, Chlorstickstoff, wasserleere Salpetersäure von selbst explodiren. Hier ist der chemische Stecher zu fein gestellt. Da hier gar kein Auslösen durch äussere Bewegung stattfindet, so ist klar, dass die ganze Summe von freiwerdender Bewegung in einer anderen Form in diesen Verbindungen gesteckt haben müsse, da eine Bewegung niemals aus Nichts entstehen kann. Ueber das Wie können wir uns noch den Kopf zerbrechen, über das Ob kann keine Frage sein.

Mont Cenis.

1) Das unendliche Weltall ist mit Licht- und Wärmestrahlen erfüllt, welche zwischen den Weltkörpern ohne Gewinn und Verlust ewig schwingen, auf jedem Weltkörper erst in fühlbare gemeine Wärme übergehen, dann wieder als unsichtbare kalte Strahlen zurückgeworfen werden.

2) Unsere Sonne erhält von diesem unendlichen Vorrath in jedem Augenblicke soviel, als sie auch wieder ausstrahlt.

3) Von diesen Strahlen fällt ein Theil auf unsere Erde und setzt sich in fühlbare Wärme um.

4) Diese verwandelt flüssiges Wasser in Wasserdampf und dabei geht die fühlbare Wärme in sogenannte latente, d. h. in chemische Bewegung über.

5) Vermöge des geringeren specifischen Gewichtes des Was-

serdampfes gegen Luft ($^5/_8$: 1) erhebt sich der Wasserdampf und stellt eine gehobene Last vor, wobei Wärme in Gewichtserhebung übergeht.

6) Vermöge der Ausdehnung der Luft, wobei Wärme in Massenbewegung übergeht, wird der Wasserdampf über die ganze Erde getragen.

7) Durch Abkühlung entweicht die chemische Bewegung als gemeine Wärme und das Wasser wird auf den hohen Gebirgen als Schnee niedergelegt, wo es eine gehobene Last vorstellt.

8) Durch den Thauwind, der vom Mittagsmeere kommt, wird der Schnee und das Gletschereis geschmolzen, wobei wieder fühlbare Wärme in unfühlbare chemische Bewegung übergeht.

9) Das nach unten fliessende Wasser des Alpenstromes erzeugt Bewegung aus seiner Masse und dem Fallraum.

10) Diese Massenbewegung wird bei jedem Aufschlag wieder gehemmt und in Wärme umgesetzt.

11) Zuletzt fängt der Mensch einen Theil dieser Bewegung in einem grossen Mühlenrade auf und überträgt diese Bewegung durch einen Krummzapfen an die Kolbenstange einer Druckluftpumpe.

12) In der comprimirten Luft wird Bewegung als eine Kraft, Spannung, angehäuft, und die comprimirte Luft gibt ohne Verlust (ausser der Kolbenreibung, die in Wärme übergeht) diese Kraft wieder ab.

13) Die comprimirte Luft als Bewegungsmagazin strömt in eine Vorrichtung nach Art der Dampfmaschine, worin mittelst einer Schiebervorrichtung die Luft bald über, bald unter den Kolben einströmt, und diesem gemeine Massenbewegung ertheilt. Es ist dies genau die Dampfmaschine, nur dass statt heissen Wasserdampfes comprimirte Luft wirkt und die Bewegung nicht vom Verbrennungsvorgang, sondern von dem fallenden Wasser stammt.

14) Die in der Maschine aufgefangene Massenbewegung wird durch mechanische Vorrichtungen so modificirt, dass sie eine rasche Folge kräftiger Schläge auf den stählernen Meissel ausführt, welcher das Bohrloch macht. Die Massenbewegung geht hier wieder in Wärme über.

15) Das Bohrloch wird mit einem Gemenge von Stoffen gefüllt, in welchem chemische Bewegung neben den Stoffen, welche sie als Wärme und mechanische Bewegung entbinden können, vereinigt liegen. Durch die Entzündung entstehen neue Körper,

welche durch eine andere Vertheilung der chemischen Bewegung
einen grösseren Raum einnehmen und den Fels sprengen.

16) Der Tunnel des Mont Cenis und der künftige des St. Gott-
hard werden durch Sonnenwärme durchgetrieben.

Ein Glas Wasser.

Wenn man die Geschichte der Gesittung und Fortbildung der
Menschheit verfolgt, so bemerkt man, dass oft in sehr langen
Zeiträumen sich nur allmälige und langsame Fortschritte zeigen,
dass aber von Zeit zu Zeit einzelne Erfindungen und Entdeckungen bedeutender Menschen plötzlich einen grossen Umschwung
aller menschlichen Verhältnisse bewirken. Die Verfolgung dieser
Veränderungen bietet für den Geschichts- und Naturforscher
einen der interessantesten Gegenstände dar. Die ältesten dieser
grossen Ereignisse, die Erfindung der Sprache und Schrift, liegen
fast überall in vollkommener Dunkelheit. Da durch die Sprache
selbst nur die Geschichte mitgetheilt werden kann, so ist einleuchtend, dass die vorsprachliche Zeit keine Geschichte hat.
Alle Völker traten mit der Sprache in die Geschichte ein. Nicht
ganz so ist es mit der Schrift. Das bedeutendste Culturvolk des
Alterthums, das griechische, tritt mit einer wundervoll ausgebil-
deten Sprache, aber ohne Schrift in die Geschichte. Die homeri-
schen Gesänge wurden erst mehrere Jahrhunderte von Mund zu
Mund fortgetragen, ehe man sie dem Buchstaben anvertraute.
Damit verschwanden sie aus dem Gedächtnisse. Die Schrift ist
der Untergang der Tradition.

Die Geschichte der Entwicklung der beiden grossen Cultur-
völker des Alterthums, des griechischen und römischen, ist nicht
durch grosse Erfindungen ausgezeichnet. Der milde Himmel
dieser beiden Länder machte den Menschen weniger von der Natur
abhängig. In Griechenland entwickelte sich bei einem heiteren
Naturgenuss ein Zustand geistiger Blüthe, der nie und nirgend
wieder in gleichem Maasse aufgetreten ist; die Zeit des Perikles,
Das Alter der göttlichen Phantasie,
Es ist verschwunden, es kehret nie.
Sehr schnell war diese Blüthe vorbei, das kleine gebirgige

Land unterlag bald dem macedonischen, dann dem römischen Sieger. Die Nachkommeu der Besieger des Xerxes wurden Hauslehrer der römischen Grossen.

Rom selbst entwickelte nur eine politische Grösse. Sein wissenschaftlicher Ruhm war, mit Ausnahme seiner Geschichtschreiber, ein schwacher Abglanz griechischer Cultur, ähnlich wie unsere deutsche Literatur der ersten Hälfte des vorigen Jahrhunderts an die Zeiten Ludwigs des Vierzehnten und der Königin Anna erinnert.

Keine bedeutende Erfindung, die der Menschheit zu dauerndem Nutzen geworden wäre, ist von dem römischen Volke ausgegangen. Selbst die Waffen des Krieges blieben bis zur Erfindung des Schiesspulvers dieselben, wie sie Glaukos und Diomedes handhabten. Der Schild, der Speer, das Schwert hatten nur ihre Form und Grösse, aber nicht ihre Bedeutung geändert.

Erst die Erfindung des Schiesspulvers veränderte wesentlich die Gestalt der Gesellschaft. Ein wenig Holzkohle, ein Krystall Salpeter, ein Stückchen Schwefel geben mit einander innig gemengt jenes Pulver, mit dem man Berge sprengen und feste Mauern niederschmettern konnte. Alle Verhältnisse von Angriff und Vertheidigung waren plötzlich geändert. Das in der Technik am weitesten vorgeschrittene Volk wurde das mächtigste. Mit einigen tausend Donnerbüchsen wurde ein neuer Welttheil von einem Haufen Abenteurer erobert. Die Geschichte der Erfindung des Schiesspulvers ist in Dunkelheit gehüllt. Sie wird wohl einem Zufall verdankt. Die Wissenschaft macht keine Ansprüche auf Dank. Es trat nun eine Reihe von Erfindungen und Entdeckungen ein, welche einzelne beim Bau der Menschheit wichtige Rollen spielten. Die Magnetnadel führte den Piloten von der Küste auf das offene Meer und half einen neuen Welttheil entdecken und einen alten umschiffen; das Fernrohr erschloss dem Auge unbekannte Himmelsräume, die entdeckten Gesetze der Pendelbewegung, des Luftdruckes, des Blutlaufes, der Planetenbewegung waren einzelne und bedeutende Bausteine zu dem grossen Zwecke der Cultur und Intelligenz. Die neu erfundene Buchdruckerkunst machte Jedem die Quellen des Wissens zugäuglich. Es ist nicht die Absicht dies hier näher zu entwickeln, es war nur nothwendig, die Entfernungen jener Stationen anzudeuten, wo, wie man sagt, die Pferde der Weltgeschichte gewechselt wurden, um mit neuer Kraft vorwärts zu eilen. Nach Erfindung der Buchdruckerkunst

nahm die Geschichte einen rascheren Lauf. Es traten aber einige
Jahrhunderte nachher Ereignisse ein, welche, von der Buchdruckerkunst veranlasst und eingeleitet, durch Vernichtung des bürger-
lichen Wohlstandes im dreissigjährigen Kriege die Segnungen
dieser Erfindung bedeutend schmälerten. Ja, die Kunst des
Druckens selbst hatte keine Fortschritte gemacht. Die Drucke
jener Zeit sind ärmlich und elend gegen jene Meisterwerke, welche
aus der Hand Gutenberg's hervorgegangen waren. Die Wichtigkeit der Buchdruckerkunst überragt bei weitem das geistige Verdienst der Erfindung. Sehr viele Erfindungen sind nachher gemacht worden, welche eine weit höhere geistige Begabung voraussetzen, als die Erfindung der Buchdruckerkunst. Der Jacquardstuhl,
der Strumpfwirkestuhl, die Kratzenmaschine, die Leinenspinnerei,
die Taschenuhr, das Chronometer und andere setzen ungleich
höhere Begabung in Combination und Kraft der Ausführung voraus, aber keine dieser Erfindungen kann in ihrer Wirkung entfernt mit der Buchdruckerpresse verglichen werden, keine wäre
ohne die Presse in ihrer Zeit entstanden.

So hat also die neuere Menschheit ein grosses Capital von
der früheren ererbt, allein sie hat es auch bedeutend vermehrt,
sie hat es verdoppelt und verdreifacht. Die bisher erwähnten Entdeckungen und Erfindungen sind allgemein anerkannt in ihrer
Bedeutung auf die Gestaltung des menschlichen Lebens.

Es kamen in der zweiten Hälfte des vorigen Jahrhunderts
noch zwei Ereignisse hinzu, welche rascher und eingreifender den
ganzen gesellschaftlichen Zustand der Menschheit veränderten
als eine der vorhergenannten: eine Erfindung, die der Dampfmaschine, und eine Entdeckung, die des Sauerstoffes.

Die Bedeutung der Dampfmaschine leuchtet von selbst ein.
Der Mensch vermehrt seine Kraft durch den Sonnenschein, der in
Gestalt von Steinkohle in den Pflanzen unvordenklicher Zeiten
im Inneren der Erde niedergelegt ist. Der heute aus der Locomotive sprühende Wasserdampf ist ein Aequivalent jener Sonnen-
strahlen, welche einst in mächtigen Seepflanzen die Kohlensäure
zersetzten und den Kohlenstoff als Kraftquelle, als schlafende
Affinität, als ein gehobenes Gewicht anhäuften. Indem wir diesen
Kohlenstoff wieder mit Sauerstoff verbinden, erzeugen wir genau
eben so viel Wärme, als bei dem Wachsen der Pflanzen verschwand.
Den durch Wärme erzeugten Dampf lassen wir gegen ein beweg-
liches Hinderniss drücken und an dieses Hinderniss knüpfen wir

die Widerstände, welche wir besiegen wollen: einen Zug Wagen
auf der Eisenbahn, eine Anzahl Webstühle oder Eisenhämmer,
Mühlsteine oder Walzen. Die Kraft ist weder erzeugt noch ge-
schenkt. Sie geht mit der Steinkohle, dem Holze, dem Torf
zu Ende.

Von ganz anderer Bedeutung ist die Entdeckung des Sauerstoffs. Hier tritt uns eine unscheinbare Thatsache entgegen, die
bestimmt zu sein schien, in den Laboratorien der Chemiker zu
bleiben, und dort ihre Verwendung zu finden. Es war am 1. August
1774, dass Priestley, ein englischer Prediger und Naturforscher,
jenen berühmten Versuch zum ersten Male anstellte, welcher bis
auf den heutigen Tag fast jede Vorlesung über Experimental-
Chemie eröffnet. Er erhitzte rothes Quecksilberoxyd in einem
gläsernen Retörtchen und erhielt daraus ein farbloses, unsicht-
bares Gas und Tropfen von flüssigem Quecksilber. Um das Gas
aufzufangen, bediente er sich desselben Mittels, dessen wir uns
noch heute bedienen. Er nahm ein Glas Wasser, kehrte es
gefüllt unter Wasser um, und hob es mit seinem Boden zu oberst
über die Oberfläche des Wassers, so dass es ganz damit gefüllt
war. Nun liess er das neue Gas durch eine Röhre unter dem
Glase aufsteigen, und indem sich die Luftblasen erhoben, füllte
sich das Glas mit dem reinen Gase. Er hatte den Sauerstoff in
einem Glase Wasser gefangen, er hatte den Mikrokosmus in seiner
Hand und konnte seine Eigenschaften ermitteln. Fast um dieselbe Zeit entdeckte auch der Schwede Scheele denselben Körper. Er stellte ihn durch Erhitzen von Braunstein dar. Aber
damit war nur ein Schritt gethan. Der merkwürdige Stoff, welcher
eine neue Aera der Menschheit begründen sollte, war gefunden,
aber noch nicht erkannt. Ein Irrthum beherrschte noch die
Geister.

Die Erscheinung des Verbrennens, die wir jetzt einer chemischen Verbindung des Sauerstoffs mit brennbaren Körpern zuschreiben, leitete man von dem Entweichen eines unbekannten
Flammenstoffs, des Phlogistons, ab. Den verbrannten Körper
nannte man dephlogistisirt. Es sollte dem brennenden Körper
ein Stoff entweichen, und doch zeigte die Erfahrung, dass die
Kalke von Blei, von Zinn, von Kupfer schwerer waren, als das
ursprüngliche Metall. Man musste dem Phlogiston eine negative
Schwere zuschreiben, um diese Erscheinung zu erklären. So
brachte ein Irrthum nothwendig einen anderen hervor. Da trat

ein anderer Forscher auf, Lavoisier, der den Knoten löste. Er erkannte mit Bestimmtheit die Natur des Sauerstoffs als eines einfachen Körpers und nannte die Verbrennung eine Verbindung eines Körpers mit Sauerstoff. Hiermit trat der Begriff eines Elementes in die Chemie, und dieser war der Ausgangspunkt einer exacten Wissenschaft. Priestley war der Kopernicus der Chemie, Lavoisier wurde ihr Kepler.

Eine ungeheure Anzahl bekannter Thatsachen gruppirte sich nun mit Leichtigkeit um diese Grundanschauung und es entstand das sogenannte antiphlogistische System, das noch heut zu Tage seine Geltung hat. Es führt zwar kaum mehr diesen Namen, weil es keinen Zweck hat, einen Irrthum in einem Namen zu verewigen, allein es geschah damit, wie mit dem System des Kopernicus, nach einer Reihe harter Kämpfe trat es siegreich aus der Bahn und man kann sagen, dass kein lebender Naturforscher mehr daran einen Zweifel hegt. Der Sauerstoff hatte durch seine Entdeckung und Erkennung diese Wissenschaft vorbereitet, gerade weil er der allgemein verbreitetste Körper ist, weil er mit allen Körpern Verbindungen eingeht, weil er acht Neuntel vom Gewicht des Wassers und mehr als die Hälfte vom Gewicht des Erdballs ausmacht; weil er bei den Erscheinungen des Brennens und Athmens niemals fehlt. Die Kenntniss des Sauerstoffs und seiner Verbindungen ist mehr als die Hälfte der ganzen Chemie. Die Entdecker des Sauerstoffs, Priestley und Scheele, blieben Gegner des neuen Systemes bis an das Ende ihres Lebens; Lavoisier musste in den Stürmen der französischen Revolution am 16. Floreal des Jahres II. sein Haupt unter die Guillotine legen.

Die Zusammensetzung des Wassers wurde von dem Engländer Cavendish erkannt und damit die Grundlage des antiphlogistischen Systems vollendet. Das Wasser besteht aus zwei Gasarten, dem Sauerstoff und dem Wasserstoff, die sich unter Verbrennungserscheinung zu dem uns bekannten Körper verbinden. Diese Thatsache war von so grosser Wichtigkeit für die Chemie, dass man mit bedeutenden Kosten durch Verbrennung ein ganzes Glas Wasser erzeugte, welches genau dieselben Eigenschaften hatte, wie reines Regenwasser.

Die Chemie hatte als junge Wissenschaft anfänglich mit häuslichen Einrichtungen zu thun. Sie musste sich alle die Stoffe und Apparate schaffen, mit welchen sie die Natur der verschiedenen Körper dieser Erde studiren wollte, und es folgte bald eine

ruhmreiche Zeit, wo jedes Heft einer wissenschaftlichen Zeitschrift
mit den wichtigsten und folgereichsten Entdeckungen gefüllt war.
Eine so glorreiche Epoche dürfte kaum in der Geschichte der
Menschheit jemals vorhanden gewesen, noch wieder zu erwarten
sein, als das Ende des vorigen und der Anfang des jetzigen Jahrhunderts in der Chemie bezeichnet. Neue Elemente, neue Verbindungen wurden entdeckt, unbekannte Verbindungen in ihre
Elemente zerlegt. Die Entdeckung der Metalle der Alkalien und
Erden war ein Ereigniss, welches die Zeitgenossen in einen wahren
Taumel versetzte. Diejenigen Körper, die es noch nicht gelang
zu zerlegen, errieth man, und die nachherigen Erfahrungen haben
die Vermuthungen bestätigt. Mit Bestimmtheit sagte man die
Existenz eines Metalles in der Thonerde, im Kalk, im Quarz voraus, und 50 Jahre später wurden sie wirklich auch dargestellt.

Die Folgen einer Entdeckung sind unberechenbar. Davy
untersuchte die Natur der Flamme und trug seine Entdeckungen
einem grösseren Kreise von Zuhörern vor. Er zeigte, dass man
nach Willkür eine Flamme erzeugen könne, in welcher bei grosser
Hitze freier Sauerstoff oder noch unverbrannte Kohle vorhanden
wäre. Machte man den Rost breit und die Schichten Kohlen nur
ganz dünn, so erhielt man eine oxydirende Flamme; verengte
man den Rost und erhöhte die Kohlenschicht, so war die Flamme
frei von Sauerstoff und man konnte brennbare Stoffe in derselben
schmelzen ohne sie zu verbrennen. Ein junger Mann, der unter
den Zuhörern war, mit Namen Cort, fasste diese Bemerkung auf.
Bis dahin verwandelte man das Gusseisen in Schmiedeeisen durch
Einschmelzen desselben unter Holzkohlen und Blasen von Luft in
das geschmolzene Gusseisen. Nur kleine Mengen Schmiedeeisen
konnten in dieser Art dargestellt werden wegen der Nothwendigkeit, in einem Feuer nur eine Luppe zu erzeugen, die sich unter
dem Hammer ausstrecken liesse, und wegen des Preises der Holzkohlen. Steinkohlen durfte man nicht mit dem Eisen in Berührung bringen, weil der nie fehlende Schwefelgehalt der Steinkohlen das Eisen unbrauchbar machte. Cort fasste aus Davy's
Vorlesung über die Flamme den Gedanken, das Gusseisen in
der Flamme der Steinkohlen, ohne Berührung derselben, zu ent-
kohlen, oder wie wir sagen, zu frischen, und daraus entstand jener
wunderbare Hüttenprocess, den man das Puddeln nennt. Grosse
Mengen Gusseisen wurden in einem mit flachem Gewölbe bedeck-
ten Heerde erst eingeschmolzen und durch die sauerstoffhaltige

Flamme ein Theil des Kohlenstoffs im Eisen verbrannt; wenn nun das Eisen anfing aus dem Schmelzflusse in den breiigen Zustand überzugehen, so zertheilte es ein Arbeiter mit gewaltigen eisernen Stangen in grössere Klumpen von mehreren Centnern, die er nebeneinander in dem Ofen aufsetzte. Diese Arbeit des Rührens in dem Brei bis er steif wurde, nannte man eben das Puddeln. Wenn die Massen schon nicht mehr schmelzbar waren, schloss man die Seitenthüren des Ofens, und liess die heisse oxydirende Flamme durch die aufgesetzten Eisenblöcke durchstreichen bis das Stabeisen gar war. Nun brachte man die einzelnen Luppen unter den Hammer und davon gleich unter die Walze, worin man ihnen sofort eine beliebige Gestalt gab.

Der alte Frischprocess konnte keine Walze beschäftigen, allein die Arbeit des Puddlingofens konnte mit keinem Hammer mehr bewältigt werden. Die Erfindung der Eisenwalze war eine nothwendige Folge des Puddlingofens. Die hundertfache Menge an Stabeisen lieferte ein solcher Ofen gegen die frühere Kohlenschmiede und die einzelnen Luppen konnten so gross gemacht werden, dass man eine 16- und 24 füssige Eisenschiene aus jeder herauswalzen konnte.

Wir können von hier bereits einen Blick rückwärts werfen. Wir alle sind Zeitgenossen jener grossen Erfindung, welche die Entfernungen der Erde abkürzt. Es sind noch nicht 39 Jahre, dass die erste Eisenbahn, und 32, dass die erste Eisenbahn in Deutschland befahren wurde, und schon ist unser ganzer gesellschaftlicher Zustand, ja sogar der politische an diese Erfindung geknüpft. Wir haben vor wenigen Jahren gesehen, wie eine ganze Armee in wenigen Tagen vom Süden Deutschlands bis an die nördlichsten Gränzen ohne einen Ermüdeten oder Marodeur fortgeschafft wurde, wozu man sonst Monate verbrauchte; wir haben im Jahre 1866 gesehen, wie eine eben so grosse Armee als jene, welche 1812 in Russland zu Grunde ging, von den äussersten Gränzen Deutschlands, von Eydtkuhnen und Saarbrücken, in kurzer Zeit auf einem anderen Felde in wenigen Wochen und zur rechten Zeit zusammenkam. Innerhalb eines Tages oder weniger Stunden darüber durchfährt man Deutschland oder Frankreich in seiner längsten Ausdehnung. Die rasche Ausgleichung örtlicher Bedürfnisse durch Zufuhr von Getreide und Vieh übt den gewaltigsten Einfluss auf das Gleichbleiben der Preise. Eine Hungersnoth im früheren Sinne ist kaum mehr denkbar, wenn sie nicht eine allgemeine wäre. Frische Seeproducte gehen tief ins Land hinein, dessen Ufer sie sonst nur erfreuten. Vom Weltverkehr entfernt liegende Landschaften können ihre Producte auf den Weltmarkt bringen, wenn sie von einer Eisenbahn durchschnitten werden. Also es ist nicht zu bestreiten, dass die ganze Gestalt der modernen Gesellschaft auf der Eisenbahn beruht. Wo wäre diese aber, wenn man keine Schienen walzen könnte? Wo die Schiene ohne Puddlingofen? Wo der Puddlingofen ohne die Kenntniss der Flamme? Und diese Kenntniss ist aus dem reinen Studium der Chemie hervorgegangen, die sich selbst auf die Entdeckung des Sauerstoffs zurückführen lässt. Diese ganze Reihe wunderbarer Folgen und Ursachen hat ihren Ausgangspunkt in jenem Glas Wasser, worin Priestley zuerst den Sauerstoff auffing. Kein Glied dieser Reihe konnte übersprungen werden, keins kann in der Kette fehlen, ohne dass alle folgenden fehlten. Unzweifelhaft lässt sich der Culturzustand der heutigen Gesellschaft auf die Entdeckung des Sauerstoffs zurückführen.

Man bedenke nur jenen grossartigen Vorgang, worauf die Darstellung der Schwefelsäure und der Soda beruht. Es würde hier zu weit führen, wenn man die Einwirkung der Chemie auf das Leben näher beleuchten wollte. Das Glas und die Seife hangen damit unmittelbar zusammen; sie sind besser und wohlfeiler als in früheren Zeiten, aber bei einem hundertfach vermehrten Gebrauche nicht theurer. Die Anwendung des Chlors statt der Sonnenbleiche hat Tausende von Morgen Wiesen dem Ackerbau zurückgegeben.

Aber auch die verwandten Wissenschaften wurden von dem Aufschwunge fortgerissen. Der italienische Arzt Galvani bemerkte zufällig das Zucken eines frisch getödteten Frosches, wenn er denselben mit zwei Metallen berührte, welche mit einander in Verbindung standen. Diese Beobachtung ist der Ausgangspunkt des elektrischen Telegraphen geworden. In Folge von Untersuchungen entdeckte Volta die nach ihm genannte Säule. Man setzt zwei verschiedene Metalle, Zink und Kupfer, in ein Glas Wasser, dem man einige Tropfen Schwefelsäure zugesetzt hat, verbindet beide Metalle durch einen langen Draht, und da findet sich in diesem Drahte eine neue Kraft, welche auf 20 und 30 Meilen Entfernung eine Bewegung fortpflanzen kann. Lange hatte man vergeblich an der Volta'schen Säule herumgetastet, um ihre Beziehung zum Magnete, womit die Säule durch ihre

Pole eine gewisse Aehnlichkeit hat, zu finden. Da kam es, dass im Jahre 1819 Oersted in Copenhagen bei einer Vorlesung bemerkte, dass ein verbindender Draht, der zufällig auf dem Tische über eine Magnetnadel zu liegen kam, dieselbe beunruhigte. Er nahm ihn weg, die Nadel kehrte zurück, er legte ihn wieder hin, die Nadel bewegte sich aufs Neue: der Elektromagnetismus war entdeckt. Er erkannte sogleich die ungeheure Bedeutung der Thatsache, wiederholte den Versuch in Gegenwart des Magistrats vor Notar und Zeugen und nahm darüber ein lateinisches Document auf, welches seinen Namen für alle Zeiten unter die Wohlthäter der Menschheit einreiht. Wir alle sind Nutzniesser seiner Erfindung, die wir täglich die Telegramme aus entfernten Gegenden lesen, als wenn sich das von selbst verstände. Das Wunder ist zum Alltäglichen geworden, es steht mit uns auf und sitzt mit uns zu Tische. Es fällt uns kaum ein, zu denken, dass ohne diese Entdeckung auch kein Telegraph existiren würde.

Wir setzen 30 oder 40 Gläser Wasser nebeneinander, in jedes ein Stück Zink und Kupfer mit etwas Schwefelsäure, verbinden die einzelnen Becher mit Metalldrähten, die an die entgegenstehenden Metallplatten angelöthet sind, und das letzte Stück Zink durch einen kurzen Draht mit der Erde, das letzte Stück Kupfer durch einen 20 Meilen langen Draht ebenfalls mit der Erde. Ein Druck der Hand auf einen elastisch-federnden Knopf erzeugt in jeder Entfernung ein erkennbares Zeichen: der Gedanke ist mit Hülfe des elektrischen Stromes auf jene Entfernung fortgepflanzt worden, dort schreibt er sich von selbst auf und der Abnehmende hat nur die Mühe, das Zeichen zu lesen. Aber auch in jener Entfernung und noch grösseren kann er durch eine mechanische Vorrichtung, die man von der Post ein Relais genannt hat, beliebig oft weiter geschickt werden, so dass es keine grössere Mühe macht, eine Nachricht von Bonn nach Cöln, als von London nach Calcutta zu senden.

Je mehr die Chemie ihre Häuslichkeit eingerichtet hatte, desto bereitwilliger war sie, ihre Dienste ihren Nachbaren anzubieten. Sie erforschte die Zusammensetzung der Mineralien und schuf aus einer Naturaliensammlung eine exacte Wissenschaft. Was bedeutete ein Mineral, dessen Bestandtheile man nicht kannte, an dem man nichts weiter sah, als was jeder Laie sehen konnte: Farbe, Härte, Gestalt? Erst durch die Chemie wurde die Mineralogie aus einem Wissen zu einer Wissenschaft. Sie entlockte dem Basalt, dem Granit ein Glas Wasser und lehrte die Art ihrer Entstehung.

Durch zufällige Beobachtungen hatte man wahrgenommen, dass gewisse Körper, dem Licht ausgesetzt, ihre Farben veränderten. Besonders zeigten dies mehrere Silberverbindungen. Ein Versuch, diese Eigenschaft dienstbar zu machen, fand in der Photographie seine Erfüllung. Eine dünne Schicht Eiweiss oder Collodium, auf einer Glasplatte ausgebreitet, enthielt einen Körper, welcher mit Silber die lichtempfindliche Substanz gab. Man tauchte diese Glasplatte mit der Collodiumschicht in ein Glas Wasser, welches Silberlösung enthielt. Wurde nun diese Platte in einem optischen Apparate der Wirkung eines Lichtbildes ausgesetzt, welches durch Linsen im verkleinerten Maassstabe von dem Körper an der Stelle der Platte erzeugt wurde, so entstand auf der Platte eine Wirkung, die zwar mit Augen nicht wahrgenommen werden konnte aber dennoch vorhanden war. An den vom Lichte beleuchteten Stellen war das Band zwischen den Bestandtheilen des empfindlichen Silberstoffs gelockert, aber nicht gelöst. Kam nun noch eine neue Wirkung hinzu, eines sauerstoffbegierigen Stoffes, eines Eisenoxydulsalzes oder der Pyrogallussäure, so wurde an den beleuchteten Stellen undurchsichtiges metallisches Silber ausgeschieden und es entstand ein verkehrtes Bild, das sogenannte Negativ. Die Platte wurde nun wieder in ein Glas Wasser getaucht, worin ein Stoff enthalten war, welcher alle Reste der lichtempfindlichen Verbindung auszog und nur das dunkle Bild zurückliess. Dadurch wurde dieses gegen fernere Lichteinwirkung unempfindlich. Das Bild war nun freilich unerkennbar, denn Licht und Schatten standen gerade verkehrt; allein durch denselben Process wurde es umgekehrt. Man machte ein mit Eiweiss überzogenes Papierblatt empfindlich gegen Licht, legte das negative Bild dicht darauf und liess die Sonne durchscheinen. Die beschatteten Stellen des Bildes blieben unverändert, die hellen Stellen wurden vom Licht verändert. Zog man nun hier den Rest der lichtempfindlichen Substanz mit unterschwefligsaurem Natron aus, so hatte man ein natürliches Bild des Gegenstandes, das sogenannte Positiv. Auch diese wunderbare Sonnenmalerei liegt in der Entdeckung des Sauerstoffs eingeschachtelt, wenn auch Zufall und planloses Tasten viel dabei gethan haben. Allein der Zufall war undenkbar, wenn nicht die Stoffe und ihre Eigenschaften bereits durch die Chemie bekannt gewesen wäre. Bei der Photographie wird immer ein Stoff verbraucht, welcher im Meere vorkommt, das Jod. Ein ausgezeichneter Chemiker, Gay-Lussac, lehrte diesen Körper kennen, ohne welchen kein Lichtbild hergestellt werden kann. Wer hätte damals vermuthet, dass in dem violetten Gase des Jods ein unschätzbares Arzneimittel und die Photographie zugleich enthalten gewesen wäre!

Die schwerste Aufgabe fand die Chemie in der Erforschung der Gesetze des Lebens. Man wusste nur, dass die lebenden Wesen des Pflanzen- und Thierreiches aus wenigen Elementen, drei oder vier, bestanden, die in allen dieselben waren. Der Unterschied der mannigfaltigen Gebilde beider Reiche musste also in den Mengen liegen, und da war eine genaue Untersuchungsmethode dieser Mengen das erste Bedürfniss. Das war eine schwere Aufgabe. Die ersten glücklichen Versuche gehen bis in das Jahr 1809 zurück, allein die ganze Methode der Gewichtsbestimmung war so umständlich und zeitraubend und erforderte so viel Geschicklichkeit und Uebung, dass im Ganzen nur wenige Körper danach untersucht wurden. Um eine erfolgreiche Durchmusterung der beiden organischen Reiche unternehmen zu können, musste eine leichtere Methode der Analyse erfunden werden und da tritt uns zuerst der Name eines Mannes entgegen, den Deutschland mit Stolz den Seinigen nennen kann.

Justus Liebig hat das Verdienst, diese Vereinfachung der Methode ohne Aufgeben der Genauigkeit erfunden, aber auch selbst davon einen so ausgedehnten Gebrauch gemacht zu haben, wie er ihn gewiss damals noch nicht ahnen konnte. Er verbrannte den organischen Körper, wie schon sein grosser Lehrer Gay-Lussac, mit Kupferoxyd in einer trockenen Glasröhre, verdichtete das gebildete Wasser in einem Apparate, welcher ein wasseranziehendes Salz, Chlorcalcium, enthielt, und die Kohlensäure in einem Glase Wasser. Es war dies ein eigenthümlich geformtes Glas, welches eine wasserhelle Flüssigkeit enthielt, die aus einer Lösung von reinem Kali in Wasser bestand. Dieses Glas Wasser, welches der Menschheit so grosse Dienste geleistet, hat den Namen „Liebig's Kali-Apparat" erhalten und wurde auf seinem Bilde in nebelhafter Ausführung von dem Künstler angebracht, so dass jeder Chemiker sogleich die Bedeutung des Portraits auch ohne Unterschrift erkennen würde.

Mit Hülfe dieser vereinfachten Methode und unter der Mithülfe seiner vielen talentvollen Schüler, welche die meisten chemischen Lehrstühle Deutschlands und Europas zieren, gelang es, das ungeheure Material herbei zu schaffen, woraus der Meister selbst mit der ihm eigenen Genialität das Gebäude der organischen Chemie errichtete. Als einen Theil desselben kann man die Agricultur-Chemie ansehen, welche die Gesetze des Wachsthums der Pflanzen feststellt. Das Jahr 1840 wird in der Weltgeschichte eine gleiche Bedeutung haben, wie die Jahre 1436, 1492 und 1774, welche die Erfindung der Buchdruckerkunst, die Entdeckung von Amerika und die des Sauerstoffs bezeichnen. In Folge des Berichts über die Beziehungen der Chemie zum Ackerbau, welchen Liebig an die gelehrte Wandergesellschaft von England, die in jenen Tagen in Glasgow tagen sollte, abzustatten übernommen hatte, kam er zu der merkwürdigen Thatsache, dass die Ansichten über diese Beziehungen nur in Irrthümern bestanden. Statt über die Wissenschaft zu berichten, musste er eine solche schaffen, und das geschah in jenem merkwürdigen Report, welcher, man könnte sagen, fast drei Viertel von der heutigen Agricultur-Chemie enthielt. Dazu kam ihm das ungeheure Material, welches sein und seiner Schüler Fleiss angehäuft hatte, trefflich zu statten. Es waren fast alle näheren Bestandtheile der Pflanzen und Thiere genau untersucht, und aus dem Vergleich derselben ergaben sich die grossen Gesetze der Ernährung und wechselseitigen Abhängigkeit. Er fand, dass die Pflanzen nur aus anorganischen Stoffen, aus Kohlensäure den Kohlenstoff, aus Ammoniak den Stickstoff, aus Wasser den Wasserstoff hernähmen; dass die Thiere nur aus organischen Stoffen, welche mit ihrem Körper gleichartig sind, sich nähren könnten; dass das Eiweiss der Pflanzen dieselbe Zusammensetzung wie das Eiweiss im Blut und im Ei habe, und dass seine Aufnahme nur eine Auflösung, welche durch die Verdauung geschehe, erfordere. Dann aber sprach er zuerst jenen Satz aus, dass die anorganischen Bestandtheile, die sogenannten Aschen, einen wesentlichen Antheil an dem Wachsthum der Pflanzen nehmen, und dass ohne ihre Gegenwart ein erfolgreicher Bau einer Pflanze nicht stattfinden könne. Tausende von Erfahrungen lagen vor, aber noch Niemand hatte das Wort ausgesprochen, und nachdem Liebig es ausgesprochen und bewiesen hatte, wurde es der Angelpunkt der neuen Lehre.

Zwar haben auch ihm die Kämpfe bis in die jüngste Zeit

nicht gefehlt, wie sie Kopernicus und Lavoisier nicht gefehlt haben, aber jetzt kann man schon sagen, dass der Kampf zu seinen Gunsten entschieden ist. Die Schiffe, welche Guano-Inseln an der Küste von Peru und im Stillen Ocean aufsuchen, gehen auf den Rath Liebig's hin; dutzendweise zählt man die landwirthschaftlichen Akademien und Versuchsstationen, welche nur von seinem Geiste angehaucht sind. Er zuerst sprach es aus, dass die bedeutendsten Veränderungen und Wechsel in der Weltgeschichte von der Zerstörung des Bodenreichthums abzuleiten sind, und dass die Eroberer der wilden Horden Mittelasiens nur von dem verletzten Naturgesetze vorwärts getrieben wurden. Wenn nun die Weltgeschichte nothwendig mit einem ewigen Wechsel der Wohnsitze fortgeschritten ist, so muss der als ein noch grösserer Eroberer angesehen werden, der die Menschheit lehrte, was sie thun müsse, wenn sie nicht auch ferner dem Naturgesetze verfallen wolle. Attila und Alarich wurden unbewusst fortgetrieben, weil sie das Naturgesetz zwang; viel grösser und einflussreicher ist der Forscher, welcher das Gesetz enthüllt und es zu erfüllen lehrt. Dauernder wie die Weltherrschaft des Römerreiches wird die Wirkung der Erkenntniss sein, welche uns lehrt, wodurch wir dasselbe Land in unbegränzter Dauer und mit ewig gleichbleibendem Erfolge bewohnen können.

Alle diese merkwürdigen Ergebnisse gingen dem trefflichen Forscher aus der genauesten Untersuchung aller thierischen und pflanzlichen Körper hervor; sie waren nur möglich unter Anwendung jener vereinfachten Form der Analyse, in welche er jenes Glas Wasser eingeschaltet hatte.

Noch eine allgemeine Bemerkung wollte ich hinzufügen, dass diese grossen Erfindungen niemals ihrem Erfinder einen erheblichen Nutzen brachten, sondern nur Neid, Anfeindung und Kampf zuzogen. Diese Kenntnisse und Errungenschaften können in erster Form niemals auf dem Markte des Lebens verwerthet werden; sie bringen ihrem Schöpfer keinen Gewinn, während sie Welttheile bereichern: sie sind ein Zeugniss von der Gemeinnützigkeit der Wissenschaft. Und dennoch dürfen die Wissenschaften nicht aus dem Nützlichkeitsprincip gepflegt werden:

Wer um die Göttin freit,
Suche in ihr nicht das Weib.

Die bedeutendsten Thatsachen sind welterobernd geworden. Wer hätte in der Entdeckung des Sauerstoffs ein Ereigniss vermuthet, welches die Menschheit vor Ablauf eines Jahrhunderts mehr vorwärts bringen würde, als vorher in Jahrtausenden ge‐ schah.

Ueberall waren die Ursachen klein und die Wirkungen un‐ berechenbar, wie bei jenem Glas Wasser, welches am Hofe der Königin Anna verschüttet wurde. Darum darf der Naturforscher keine Beobachtung, keine neue Thatsache gering achten; es kann daraus ein Glas Wasser werden.

Nachträge.

Zusatz zu Seite 15.

Ich würde jetzt die Bewegungen in folgender Art aufstellen:
1) Massenbewegung, oder fortschreitende Bewegung.
2) Licht und Wärme als Strahl, oder strahlende Bewegung.
3) Kriechende gemeine Wärme, oder kriechende Bewegung.,
4) Strömende Elektricität, oder strömende Bewegung.
5) Chemische Bewegung (Affinität), oder haftende Bewegung.

Man wird leicht bemerken, dass hier Wärme unter zwei Nummern vorkommt. Nach genauer Betrachtung der Sache muss ich den Wärmestrahl vollständig von der gemeinen Wärme trennen. Die strahlende Wärme ist keine Wärme, sie dehnt die Körper nicht aus, wirkt weder auf das Thermometer, noch auf die Thermosäule. Dies thut nur die kriechende oder geleitete Wärme. Dass sich der Wärmestrahl beim Auffallen auf nicht reflectirende Körper in kriechende Wärme umsetzt, kann keinen Grund abgeben, ihn im Zustande des Strahls schon für Wärme zu erklären, denn dies thut auch das Licht und der galvanische Strom. Die Art der Bewegung im Wärmestrahl und in der gemeinen Wärme ist so grundverschieden, dass diese Trennung vollkommen gerechtfertigt erscheint. Einigermaassen wird hiervon die Darstellung auf S. 52 beeinflusst.

Der Unterschied, dass der Wärmestrahl nicht die Flüssigkeiten unseres Auges durchdringen kann, oder, wenn er sie durchdringt, dass er unseren Sehnerv nicht in Bewegung zu setzen vermag, bedingt bloss seine mechanische Verschiedenheit vom sichtbaren Lichtstrahl, und wir schliessen mit Recht, dass dies in der Länge der Wellen beruhe. Warum aber die längeren Wellen nicht durch die Flüssigkeiten des Auges dringen, ist eine offene Frage.

134

Nachträge.

Zu Seite 10.

Die Summe der Bewegung oder lebendigen Kraft in der Erde lässt sich leicht aus ihrer Geschwindigkeit und Masse berechnen. Die Centrifugalbewegung der Erde, d. h. die geradlinige Tangentialbewegung beträgt im Mittel 4,7 Meilen $= 112800$ Fuss in der Secunde. Denken wir uns nun 1 Pfund Erde mit dieser Bewegung, so entspricht dieser Geschwindigkeit eine Hubhöhe von $\dfrac{112800^2}{62}$ Fuss $= 205223226$ Fuss, und da wir 1 Pfund Masse angenommen haben, so würde dies einer gleichen Bewegungsgrösse von 205223226 Fusspfund entsprechen, d. h. jedes Pfund Erde auf seiner Bahn vollkommen gehemmt würde einen mechanischen Effect von $205^1/_4$ Millionen Fusspfund ausüben, und in Wärme übertragen würde dies Pfund Erde eine Temperatur von $\dfrac{205223226}{1400}$ $= 988045$ Wärmeeinheiten entwickeln, d. h. 1 Pfund Wasser auf 988045 Grad Cent. erhöhen. Da aber die Erde nur $^1/_4$ soviel Wärmecapacität als Wasser hat, so würde sie 4mal 988045, also 3952180^0 Cent. zeigen.

Da nun dasselbe Argument für jedes Pfund Erde gilt, so würde auch die ganze Erde bei einer vollständigen Hemmung der Bewegung dieselbe Temperatur annehmen, von der man sich keinen Begriff machen kann.

Zu Seite 11.

Der Satz, dass die Anziehung abnimmt, wie das Quadrat der Entfernung zunimmt, steht in Zusammenhang mit einem anderen Satze der Mechanik, dass die Summe der Bewegung gleich ist dem Producte aus Masse in das Quadrat der Geschwindigkeit. Da die Summe der Bewegung aus dem Product der Masse und des Raumes, in welchem die Anziehung wirkt, erhalten wird, und da der Raum (Fallraum, Hubhöhe) sich verhält wie das Quadrat der Endgeschwindigkeit, so muss die Anziehung in demselben Verhältniss abnehmen, als die Endgeschwindigkeit zunimmt, wenn bei der Trennung zweier Weltkörper von einander keine Bewegung verloren gehen und bei ihrer Vereinigung keine gewonnen werden soll, wie es das Gesetz der Erhaltung der Kraft erfordert. Der Raum ist hier das vermittelnde Glied, wodurch Anziehung und Endgeschwindigkeit in Beziehung gebracht werden; er ist proportional dem Quadrat der Geschwindigkeit, und die Anziehung ist umgekehrt proportional dem Quadrat des Raumes.

Die Summe der Anziehung eines schweren Punktes ist in jeder concentrischen Kugelfläche eine gleiche Grösse, die Kugel mag gross oder klein sein.

Denkt man sich einen schweren Punkt, der in jeder Richtung des Raumes dieselbe Anziehung ausübt, so liegen die gleich stark angezogenen Punkte in einer dem anziehenden Körper concentrischen Kugelfläche. Da die blosse Anziehung keine Arbeit ist, und keine Kraft oder Bewegung verbraucht, so wird die Summe der Anziehung durch die Entfernung nicht beeinflusst. Es findet also in jeder concentrischen Kugelfläche um den schweren Punkt eine ganz gleiche Summe von Anziehung statt. Da aber die Kugelflächen wie das Quadrat des Halbmessers wachsen, so ist auf jedem einzelnen Punkte einer Kugelfläche die Anziehung um so kleiner, je grösser die Kugelfläche ist, und da diese im Verhältniss des Quadrates des Halbmessers wächst, so steht die Anziehung für jeden Punkt einer Kugelfläche im umgekehrten Verhältniss des Halbmessers der Kugelfläche, oder sie nimmt ab, wie das Quadrat des Halbmessers zunimmt. Es ist dies der bekannte Satz von Newton über die Gravitation.

Da aber die Summe der Anziehung durch die Grösse der gedachten Kugel nicht geändert wird, so folgt daraus, dass jeder anziehende Körper, also, da alle Körper gravitiren, jeder Körper überhaupt seine Wirkung durch das ganze unendliche Weltall in concentrischen Schalen ausbreitet, und dass diesem allgemeinen Gesetze jede Sonne und jedes Sonnenstäubchen gehorcht.

Dieser Satz ist theoretisch bewiesen und praktisch bestätigt, und gilt von allen Kräften und Bewegungen, welche sich nach allen Seiten des Raumes hin ausdehnen, also für strahlendes Licht und Wärme, elektrische und magnetische Anziehung.

Unter der Voraussetzung, dass kein Licht durch das leitende Mittel absorbirt und in geleitete Wärme übergeführt werde, ist jede Fläche im umgekehrten Verhältniss des Quadrates der Entfernung schwächer beleuchtet. Eine Fläche von 1 Quadratfuss in der Entfernung 1 wirft einen Schatten von 4 Quadratfuss in der Entfernung 2, und von 9 Quadratfuss in der Entfernung 3. Fällt die schattengebende Fläche in der Entfernung 1 weg, so erhält der beschattete Raum 4 und 9 in der Entfernung 2 und 3 dieselbe Menge Licht, welche in der Entfernung 1 auf 1 Quadratfuss fiel; die Intensität an jedem einzelnen Punkte ist also in der Entfernung 2 $= \frac{1}{4}$, in der Entfernung 3 $= \frac{1}{9}$ u. s. w.

Zu Seite 12.

Bei der Feststellung des Begriffes Kraft im Gegensatz zur Bewegung erscheint uns Schwerkraft, Cohäsion, Magnetismus auch ohne alle innere Bewegung, insofern wir keine Andeutung haben, dass eine solche vorhanden sei. Dagegen erscheint uns die Spannung einer zusammengedrückten Luft, die Wirkung eines explosiven Gemenges als eine wirkliche Form innerer Molecularbewegung, die nur im Gegensatz zu der Massenbewegung als todt' angesehen werden kann. In dem comprimirten Gase ist fühlbare Wärme und chemische Bewegung vorhanden. Die fühlbare Wärme wirkt nur auf das Thermometer, aber nicht als Kraft auf die Wände, dagegen derjenige Antheil der Wärme, welcher auf die Ausdehnung verwendet werden kann und welcher beim Nachgeben der Wände auch auf die Ausdehnung verwendet wird, jene 29,43 Procent, bedingt die Spannung nach aussen: Da wir nun hier die Wirkung einer lebendigen Kraft ganz gleichartig mit jener einer todten Kraft (Schwerkraft) als Druck und Spannung erkennen, so entsteht die Frage, ob nicht auch Schwerkraft, Magnetismus, Cohäsion Formen einer inneren Molecularbewegung sind, über welche wir noch keinen Begriff haben.

Zu Seite 22.

Cohäsion ist Mangel an Molecularbewegung, sei es nun Wärme oder chemische Bewegung.
Die Wärme vermindert erst die Cohäsion und hebt sie zuletzt bei dem Schmelzen und Vergasen theilweise oder ganz auf. Beim Wiederannehmen der Cohäsion tritt dieselbe Menge Wärme wieder aus, welche zum Schmelzen und Vergasen verwendet wurde. Aufgehobene Cohäsion ist Anwesenheit der Molecularbewegung. Alle schmelzbaren Körper werden durch starke Erkaltung cohärenter, härter, elastischer, spröder. Harter Stahl ist bei starker Kälte so spröde, dass man eine grosse Gewalt ohne Gefahr des Zerbrechens nicht auf ihn wirken lassen darf; Oel, Wachs, Harze werden fester, sogar pulverisirbar. Die Elasticität des Stahles nimmt durch Wärme ab. Die Spirale im Chronometer schwingt bei höherer Temperatur langsamer. Ausser der Compensation für die Ausdehnung durch Wärme muss die Spirale noch eine zweite Compensation für Ab- und Zunahme der Elasticität durch Erwärmen und Erkalten haben. Der Chronometermacher Dent in London hat diese Compensation angebracht. Cohäsion ist auch mangelnde chemische Bewegung. Alle cohärenten Körper geben weniger Verbrennungswärme als dieselben Stoffe bei geringerer Cohärenz; Diamant gibt weniger Verbrennungswärme als leicht geglühte Kohle, rother Phosphor weniger als gelber, rhombischer Schwefel weniger als triklinischer, Aethylen weniger als Methylen und mehr als Amylen, und steht auch in Dichte bei gleicher Zusammensetzung zwischen beiden.

Zu Seite 42.

Carnot hatte den Satz ausgesprochen, dass, wenn Wärme Bewegung erzeugen soll, ein Uebergang derselben von einem Körper auf einen andern stattfinden müsse. Dieser Satz ist ihm überall in gleicher Weise nachgesprochen worden. Von Carnot war es eigentlich nur ein Aperçu, eine Beobachtung, aber keine

Begründung. Der eigentlichen Grund habe ich in einer ganz bestimmten Weise ausgedrückt. Es ist oben S. 42 ausgesprochen worden, dass die Wärme nur durch Ausdehnung der Körper Bewegung erzeugt, oder allgemein durch Veränderung des Volumens der Körper. Es kann aber nun eine Ausdehnung nicht stattfinden, wenn man nicht dem auszudehnenden Körper Wärme übertragen kann, und dies kann nur stattfinden, wenn der eine Körper wärmer ist als der andere. Haben beide gleiche Temperatur, so kann keine Mittheilung der Wärme stattfinden, also auch keine Ausdehnung und keine Bewegung. Die Uebertragung von Wärme ist also die Bedingung, dass Ausdehnung entstehen könne, und diese, dass Bewegung. In gleicher Weise ist auch Entziehung von Wärme eine Quelle der Massenbewegung, weil dadurch der Umfang des Körpers verändert wird. Kühlt man erhitzte Luft ab, oder spritzt man Wasser in Wasserdampf, so findet eine Raumverminderung, also Bewegung statt, und der Uebergang von Wärme an den abkühlenden Körper ist die *conditio sine qua non* der Volumveränderung. Das Uebertragen von Wärme ist demnach nur die Bedingung, die Volumveränderung aber die eigentliche Ursache der Massenbewegung.

S. Carnot, von welchem jener Satz herrührt, ist nicht der berühmte Conventsdeputirte und Mitglied des Wohlfartsausschusses Lazarus Carnot, welcher am 2. August 1823 in Magdeburg starb. Jene Schrift von S. Carnot erschien 1824.

Verbesserungen.

Seite 24, Zeile 13 von unten, statt: welche setze: welcher.

Seite 36, Zeile 13 von oben, statt: Die in Wärme umgesetzte Massenbewegung setze: Die in Massenbewegung umgesetzte Wärme.

Seite 48, Zeile 20 von unten, statt: violetten überchemischen setze:
chemischen übervioletten.

---

www.ingramcontent.com/pod-product-compliance
Lightning Source LLC
Chambersburg PA
CBHW021713210326
41599CB00013B/1641